一城一味——
念念不忘的菜

甘智荣——主编

U0248340

[浓情岁月，难忘醉人湘菜]

新疆人民出版总社
新疆人民卫生出版社

图书在版编目（CIP）数据

念念不忘的湘菜 / 甘智荣主编 . -- 乌鲁木齐 ： 新
疆人民卫生出版社，2016.6
（一城一味）
ISBN 978-7-5372-6599-7

Ⅰ．①念… Ⅱ．①甘… Ⅲ．①湘菜－文化②湘菜－菜
谱 Ⅳ．① TS971.2 ② TS972.182.64

中国版本图书馆 CIP 数据核字（2016）第 112895 号

念念不忘的湘菜

NIANNIAN BUWANG DE XIANGCAI

出版发行	新疆 人民出版总社 新疆 人民卫生出版社
责任编辑	李齐新
策划编辑	深圳市金版文化发展股份有限公司
版式设计	深圳市金版文化发展股份有限公司
封面设计	深圳市金版文化发展股份有限公司
地　　址	新疆乌鲁木齐市龙泉街 196 号
电　　话	0991-2824446
邮　　编	830004
网　　址	http://www.xjpsp.com
印　　刷	深圳市雅佳图印刷有限公司
经　　销	全国新华书店
开　　本	173 毫米 ×243 毫米　　16 开
印　　张	12
字　　数	150 千字
版　　次	2016 年 6 月第 1 版
印　　次	2017 年 6 月第 2 次印刷
定　　价	35.00 元

　　唯美食与爱不可辜负。美食，填满肚子；爱，充盈内心。

　　犹记得每逢年关外婆做的梅干菜蒸腊肉，也怀念起小时候家里和邻里做的不同味道的红烧肉，走街串巷卖年糕的小贩叫卖声依稀在耳边回响……这些关于美食的点点滴滴都是一生的珍藏。

　　每个城市都有自己独特的味道和故事，广东是清淡，四川是辣，湖南是辣和腊。在湘菜的世界里，不论是以"辣"和"腊"为代表的"经典湘菜""温馨家馔"，还是口味丰富多样的"街头小吃"，总有一道会"俘获"你的胃，也总有一个让你爱上湘菜的理由。一城一味，在美食中品味人文，在味道中体验全方位的湖湘之美。

目录
Contents

Part3 难忘温馨家馔，记忆中永不褪色的好味道

Part 1

细说湘菜，
开启舌尖上的味蕾之旅

去参加和湘菜的约会吧！走近湘菜，解读湘菜，感悟湘菜之魂，体会湘菜老字号的奥秘，因为，只有充分了解它，你才会爱它爱得有理有据，深沉彻底！

我与湘菜有个约会

湘菜，一个古老的品牌，中国八大菜系之一，承载着千年社会的文明；湘菜，一种地域民食的映射，标记着"惟楚有才"的鲜明个性——和而不同，辣而不烈，酸而不酷……这一切，构成了中国饮食文化的重要组成部分。

湘菜的起源

湘菜的形成与发展，并不是凭空结构的。湘菜起源于春秋时期的楚国，至今已有两千多年的历史。其时，楚菜的烹调技艺相当成熟，形成了酸、咸、甜、苦、辣为主，具有浓、香、清、淡、鲜的风味特色，并有典型的南方风味风格。

这从屈原的《楚辞》中可以看出。《楚辞·招魂》记载："……室家遂宗，食多方些。稻粢穱麦，挐黄粱些。大苦咸酸，辛甘行些。肥牛之腱，臑若芳些。和酸若苦，陈吴羹些。胹鳖炮羔，有柘浆些。鹄酸膍凫，煎鸿鸧些。……"透过这一简短文字，足以窥见一脉相承的湘菜在当时的个性特色及味料之丰富。

到了汉初，湘菜已从楚菜的风格中逐步形成了自己的风格。这时的湘菜，使用原料之丰盛，烹调方法之多，风味之鲜美，都是比较突出的。1972年从长沙马王堆的轪侯妻辛追墓出土的随葬遗策和实物中就可以看出，在两千多年前西汉时期的湘菜佳肴美馔就已非常丰富。310枚竹简，一半以上书写的都是实物和饮食器具，记录食物品种涵盖面广，记录的精肴美馔近百种，羹、炙、煎、熬、蒸等多种烹饪方式已出现。

南宋以后，湘菜自成体系已初见端倪，一些佳肴和烹饪技艺由官府盛行逐渐步入民间。直至明清两代，湘菜迎来了它的黄金时代。此时的湖南门户开放，商旅云集，人才辈出，市场繁荣，湘菜技艺随商流、人流而得到广泛的拓展和交流，湘菜的独特风格基本定局，湘菜食风大行其道，声名鹊起，技艺显著提高。

到清朝中叶，湖南出现湘菜满汉全席，其特点是规格高、礼仪重、席面大、菜品多，摆最名贵的餐具。当时的长沙是湘菜的主阵地，最为繁荣发达。待到民国初年，湘菜自成一体进入成熟期，出现了戴（扬名）派、盛（善斋）派、肖（麓松）派和组庵派等多种烹饪流派。不同流派的激烈竞争，带来了湘菜的空前繁荣。

时至今日，经历了两千多年的历史，"大浪淘沙，洗尽黄沙始见金"，湘菜在中国众多的菜系中脱颖而出，逐渐在全国形成了一股湘菜美食之风。

不一样的湘菜

湖南独特的地理环境滋润着湘菜的与众不同。湖南位于我国中南部，长江中游，因地处洞庭湖以南得名"湖南"，又因湘江贯穿全境而简称"湘"。其三面环山，一面临水，既是"鱼米之乡"，又是"卑湿之地"。特殊的资源和气候环境，使得湖南人普遍养成了有助于发汗、祛湿的嗜辣、重酸食俗，决定了湘菜与众不同的风格的形成，并以酸辣、鲜香、脆嫩、油重、色正，主味突出，浓淡分明，口味适中的独特风味而久负盛名。

湘菜主体风格的形成，主要是三大流派的烘托。

湘江流域流派，以长沙、衡阳、湘潭为中心，长沙为代表。它制作精细，用料广泛，口味多变，品种繁多。其特点是油重色浓，讲求实惠。在品味上注重酸辣、香鲜、软嫩。在制法上以煨、炖、腊、蒸、炒诸法见称。煨、炖讲究微火烹调，煨则味透汁浓，炖则汤清如镜；腊味制法包括烟熏、卤制、叉烧，著名的湖南腊肉系烟熏制品，既可作冷盘，又可热炒，或

用优质原汤蒸；炒则突出鲜、嫩、香、辣，市井皆知。著名代表菜有："腊味合蒸""海参盆蒸""走油豆豉扣肉""麻辣仔鸡"等。

湘西山区流派，以张家界、怀化等地为中心，擅长制作山珍野味、烟熏腊肉和各种腌肉，口味侧重咸香酸辣，常以柴炭作燃料，富有浓郁的山乡风味。湘西的腊肉最香，民间流传有"三年腊肉好待客"的说法。土家族的酸鱼、酸辣狗肉、酸辣凤翅等，更是让人爱不释口。当地有言："三天不吃酸，走路打蹿蹿。"不仅生动描述了湘西山区人的饮食习惯，也形象地刻画出湘西流派湘菜的个性特色——重视辣味，但又以酸辅之，酸中带辣，辣中透酸。代表菜有："红烧寒菌""板栗烧菜心""湘西酸肉""炒血鸭"等。

洞庭湖区流派，以常德、益阳、岳阳为中心，以烹制河鲜、野味、家禽和家畜见长，多用炖、烧、蒸、腊的制法，其特点是芡大油厚，咸辣香软。炖菜常用火锅上桌，民间则用蒸钵置泥炉上炖煮，俗称"蒸钵炉子"。往往是边煮、边吃、边下料，滚热鲜嫩，津津有味，当地有"不愿进朝当驸马，只要蒸钵炉子咕咕嘎"的民谣，充分说明炖菜广为人民喜爱。代表菜有："洞庭金龟""蝴蝶飘海""冰糖湘莲"等，皆为有口皆碑的洞庭湖区名肴。

有了三大流派的四千多种湘菜融为一体，湘菜之"个性"自然是水到渠成。

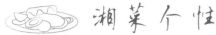

湘菜个性

湘菜之所以脍炙人口、千年不衰，有人说是因为它刀工精细，形味兼美；有人认为是因为它长于调味，味味诱人；有人解释为它选料广泛，口味常新……如此种种，无一不彰显着湘菜独特的灵魂与个性。

辣，湘菜之魂

湘菜，以辣诱人，以辣开胃，以辣养人。辣，可谓湘菜之魂。著名烹饪理论专家聂凤乔曾经说过："湖南人嗜辣，全国知名，甚至超过同样嗜辣的四川人。"其实早有俗语见底："四川人辣不怕，贵州人不怕辣，湖南人最厉害，怕不辣。"

正因为爱辣，也历练出了湘人巧用辣椒烹制湘菜的独特技艺。干吃、鲜吃、酸吃、酢味吃、剁着吃、做成辣酱吃、晒后收在坛子一段时间后再吃，款款开胃。而且，湘菜的辣，有别于川菜的麻辣、黔菜的糊辣、秦菜的咸辣，而突出鲜辣和酸辣。这辣，盖味而不抢，轻重层次分明，或隐或现，辣得纯正，辣得雅致，辣得独树一帜。这辣，因菜而用，适时而变。

不同的材料搭配不同的辣椒，可以调和出独特的辣味。比如，用辣椒、大蒜炒腊肉，将湘菜中的两种经典香味——"腊香"和"辣香"融为一体，堪称一绝；苦瓜中加点儿辣椒、豆豉来炒，也是绝配。相同的材料配不同的辣椒，也可以烹制出不同的辣香味。比如，"水煮活鱼"用青椒煮，是一种鲜辣，辣得纯；鳙鱼头用剁辣椒蒸，则富含一种坛子香气的香辣。

其实，说辣，湖南民谣《辣椒歌》更唱出了湘菜的点睛之处：……青辣椒（好），红辣椒（妙），剁辣椒（要得），酸辣椒（过瘾），油煎爆炒用火烧，样样有味道，冒得辣椒不算菜，一辣胜佳肴。

腊，湘菜之绝

如果湘菜香飘世界，那么首先飘出的便是腊香味儿。这香，香得乡上，香得纯正，香出湘味。腊香以腊味的形式传承，腊味又有荤素两类，常见的有腊肉、腊鱼、腊鸭、腊鸡、腊肠、腊牛肉、腊香干、腊猪血丸子等。所有腊味中，又以腊肉最经典、流传最广。

湖南腊肉，湘菜一绝。纯正的腊肉，产自湖南农家。每年的腊月（农历十二月），农家老乡将年猪宰了，去毛带皮分块，经盐腌制后，一块块悬在柴火灶台上经冷烟熏制而成。上好的腊肉，乌黑透红，带皮的肥肉部分油光透亮、入口消融，瘦肉外黑内红肉紧、香酥有味，久置不腐，越陈越香，其品质胜过云腿、金华火腿。

饥饿的年代，湖南人最渴望能吃上一块腊肉，这样才起劲。这"劲"是盐的作用，来自腊肉的"咸"。湖南腊味的本质特点就是香咸。闻起来香，吃起来咸，回味无穷。它的这种独特香咸也赋予了腊味的厚味、富味之功。用它与其他原材料、调味料组合，或蒸、或炒、或煮、或炖、或煎，便调和出了清香型腊味、豆辣型腊味、蒜香型腊味、鲜香型腊味……味味可口诱人。

对于腊味，长沙人喜欢用铁锅炒着吃，冬笋腊肉、大蒜炒腊肉、萝卜干炒腊肉、红菜薹炒腊肉、腊八豆炒腊肉，皆为湘菜中的经典名菜。湘西人喜欢用木甑蒸着吃，而且以吃陈年腊肉为骄傲。清蒸腊肉、腊味三蒸，将半肥半瘦的腊肉切片蒸，绵软醇香、晶莹透亮、原香原味、入口即化。湘南人喜欢用砂锅煮。各种腊味煮于一锅，是下酒的好菜。湘中地区爱把腊肉煎着吃，腊香浓厚，香酥可口。湘北人则喜欢用甑钵炖，泥鳅炖腊肉、丝瓜炖腊肉，鲜香厚味，沁人心脾。这就是湖南腊味的吸引力。

料，湘菜之美

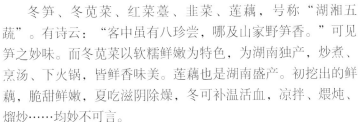

湖南，位于长江中下游，境内高山、峡谷、平原、江河、湖泊错杂。独特的地理位置、地理环境、气候，造就了湖南丰富的动植物资源，孕育着湘菜的千滋百味。不论你走到哪里，山珍野味，河鲜蔬菜，随处可见。随便你在哪里做客，主人就会拿出那儿有名的特产来招待你。"湖湘五蔬""洞庭五鲜""干菜三绝""湘西山野""三湘五黑"都是湖湘餐桌上的妙品。

冬笋、冬苋菜、红菜薹、韭菜、莲藕，号称"湖湘五蔬"。有诗云："客中虽有八珍尝，哪及山家野笋香。"可见笋之妙味。而冬苋菜以软糯鲜嫩为特色，为湖南独产，炒煮、烹汤、下火锅，皆鲜香味美。莲藕也是湖南盛产。初挖出的鲜藕，脆甜鲜嫩，夏吃滋阴除燥，冬可补温活血，凉拌、煨炖、熘炒……均妙不可言。

洞庭湖水产丰富，甲鱼、银鱼、鳜鱼、鳊鱼、小龙虾，名扬天下，湘人常把它们称为"洞庭五鲜"。自古洞庭甲鱼甲天下，无论是"生烧甲鱼"，还是"原汁武陵甲鱼"，都是那样原汁原味，酥烂浓香，鲜美可口。银鱼更是洞庭无上妙品，用它做出来的名菜"奶汤银鱼""洞庭银鱼"享誉中外。而在长沙街头巷尾，用洞庭小龙虾烹制的"口味龙虾"，过往骚客旅人，谁又能忍住诱惑不去品尝一番？"西塞山前白鹭飞，桃花流水鳜鱼肥。"这样"肥"的鳜鱼，或水煮，或清蒸，或黄焖，或糖醋……汤食，汤白肉嫩；干食，味浓可口。

湖南的干菜，干香诱人。到湖南，没有吃腊肉、火焙鱼、萝卜干，不算吃过地道湘菜。因为这三道菜，在湖南农家，家家户户都会做，而且必做、精做，是湖南人为保持储存而作出的"干菜三绝"。浏阳的黑山羊、张家界的黑木耳、常德的黑豆、湘江的乌鱼、东安的山乌鸡、被称为"三湘五黑"等等，都是湖南人餐桌上的妙品。正是因为有了它们的生长，湘菜才有如此鲜活的魅力。

"调"出来的个性

　　湘菜口味独特，偏重辣、酸，在烹制时注重使原料入味，因此所用的调味品种类也极其繁多。其中有些是当地出产的特有调料，比如浏阳的豆豉、茶陵的蒜、湘潭的酱油、双峰的辣酱、长沙的玉和醋、浏阳河的小曲、醴陵的老姜等，无一不突显着湘菜的与众不同。

　　说湘菜，就不能不说辣椒。除了一般做菜时充当作料的用途之外，还有剁辣椒、腌辣椒、泡辣椒、烧辣椒、白辣椒、豆豉辣椒、米粉辣椒、辣椒酱、辣椒油等，不胜枚举。这些辣味，在湘菜的烹饪中总是能运用得恰如其分。白椒蒸肉、豆辣鳜鱼、扑辣椒炒肉、剁辣椒芽白……都是一菜一辣，口感区别明显。

　　湖南人善做酱油、豆豉，世界闻名，用它们调出来的菜肴酱香十足，其中又以浏阳豆豉、湘潭酱油较为知名。湘菜珍品"酱汁肘子""酱板鸭""酱香肉"等，都有一股纯正酱香，往往未见其菜，就能闻出其香，诱人口水。

　　湘人吃菜，食不离蒜。这其中又以茶陵大蒜最为著名。茶陵的大蒜，蒜叶厚嫩辛香，蒜子个大皮紫肉白，包裹严密，色味俱佳，享有"一家炒蒜百家香，一蒜入锅百菜辛"的盛誉。大蒜入菜，可蒜炒、蒜爆、蒜烧、蒜煨，能去主料异味、增进食欲。大蒜炒腊肉、蒜子烧干贝、蒜子煨羊肉等，都是传统湘菜中的经典之作。

　　山胡椒油也是湖南人常用的特色调味料，无论是烹制牛、羊、鱼、野味、海鲜等腥菜，还是粉面、汤菜、夜宵，出锅时加入少许拌匀，香气独特。

　　湖南有一种野紫苏，生长在湖南山区田边山地上，用来烹制水产品，既可去腥，又有一种独特的辛香味。烹鱼、爆鳝、炒虾、涮螺、煮蟹，都要放紫苏，这样烹饪出的佳肴一下就能抓住食客的胃。湘菜中广受欢迎的一道经典菜肴"水煮活鱼"，除了活鱼肉嫩外，紫苏的清香撩人也是其魅力所在。

不得不说，湘菜正是因为有了这些特色的调味料，我们在品尝湘菜时感受才更真实。

"煨" 出来的美味

煨在湘菜中运用较早，早在宋代就曾有人记下吃煨芋的美好感受："深夜一炉火，浑家团栾坐。煨得芋头熟，天子不如我。"可见煨菜之妙。

湘菜精于"煨"，有清煨、白煨、红煨、煎煨、汤煨、糟煨、酒煨之分。它讲究酥烂入味，强调原汁原味，不添加过多的调料，调味以盐为主。煨炖时，要将加工处理好的原料先用开水焯烫，放入砂锅或瓦罐中，加足汤水和调料，先用旺火烧开，撇去浮沫后加盖，后用小火长时间加热，直至汤汁黏稠，原料完全松软。这样烹出来的菜肴，清而不淡，稠而不腻，和而不寡。组庵鱼翅、红煨狗羊、老姜煨鸡、红煨土鲍、红煨鱼唇、红煨龟肉等都是著名的煨菜。

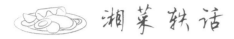

湘江北去，波涌洞庭。千百年来，沉重的历史从这里趟过，磨光了卵石，磨去了悠悠岁月，磨出了千年湘菜，滋养着代代湘人。湘菜，早已不仅仅是充饥解馋，更多时候它体现着一股民俗风情，代表着一种历史文化。

湘菜与乡土菜

不少外地人认为湘菜就是土菜，外加一把辣椒。这种认识固然有失偏颇，但这也充分说明了湘菜之中的乡土特色。虽然说湘菜不仅仅是土菜，但湘菜源于土菜，高于土菜。

湘菜得以跻身中国八大菜系之一，与湘菜鲜明的地方风味是分不开的。"土锅土灶土板凳、土屋土料土味道"是对乡土菜最好的诠释。乡土菜简单自然，一切主料都在菜园里、池塘中、山坡上，晨取午烹，夕采晚调；或蒸或炖，或炒或煎，或烧或炸，一时半刻就能煮出美味佳肴。乡土菜怪异独特，不拘

一格，无师自通，散发着神秘乡俗的味道。一个地方有一个地方的风格，一家一户都有着自己的烹菜特色，没有约束，只讲究好吃。醴陵的辣椒小炒肉，一定要放姜烹调，肉要带皮；永州人吃鸭，要用酱椒、老姜，放鸭血爆炒；邵阳人吃猪血喜欢做成丸子吃，而且是熏吃；新化的"三合汤"，要选母黄牛的血、公黄牛的肉、母水牛的肚，用姜、辣椒加山胡椒油烹制而成……吃法怪异、搭配怪异。很显然，他们吃的更多是一种民俗风情。这就是乡土菜的美味与诱惑。

而湘菜之所以高于土菜，变得经典，是因为湘菜较之于乡土菜，已由形式简单而变得内涵丰富，质朴而雅致，自成一系，独具一格。湘菜兼有家常菜、都市菜、官府菜、乡土菜之长，在刀工、火候、技法、调味、装盘等各个方面，比乡土菜更讲究。不仅味美、好吃，而且形美、色美，更像件艺术品。经典湘菜"东安子鸡"就不同于一般的炒子鸡。它在刀工上讲究鸡肉去骨，改刀切条大小要均匀，火候讲究先煮后炒，调料用姜、芝麻油、辣、葱、醋，醋要用米醋，姜要切成丝，便于姜丝粘于鸡肉上。这样炒出来的子鸡酸辣爽口，香甜醇厚，肥而不腻，百吃不厌。

湘菜土做、土菜湘烹，俗中见雅、雅中脱俗，既有湘菜的经典之美，又有乡土菜的质朴之鲜，让湘菜湘味更浓、更鲜、更奇、更富有生命力。

节年风俗与湘菜

湘菜的历史与传承，决定了湘菜与节年风俗许许多多不可不说的故事。一节一俗，一俗一食风，因俗而食，因时而变。

从新年开始。农历新年可以说是一年之中最为隆重的节日，尤其是那年夜饭的讲究令人难忘。全家人吃年夜饭一个都不能少，即使有人出门在外，也要等他回来才开席。一桌年夜

饭，必须十个菜，寓意"十全十美"。年夜饭的第一道菜要上
"全家福"，用蛋卷、鱼丸、肉丸、墨鱼片、油发干肉皮片、
海参片、红萝卜丝大烩，预祝全家来年大富大贵，合家幸福；
鸡要整只，配五圆蒸，说是"团团圆圆"，鱼要整鱼，席上只
能吃鱼身的中间小部分，把有鱼头鱼尾的剩鱼留到新年第一天
吃，期盼来年"有头有尾""年年有余"；"腊味合蒸"也少
不了，寒冬腊月吃腊鱼腊肉，这是湖南过年的食俗。最后要
上一份特别绿色的青菜，称吃了青菜，清气平安；有的吃"青
白菜炒年糕"，全家吃了清清白白年年高。年饭年饭，饭也重
要。饭要多煮，剩饭留到大年初一吃，这叫留来年"饭根"，
意寓新年"宝贵有根"。

吃完年夜饭就是守岁。家家烧一炉大火，小孩可以放鞭
炮、烤火、吃糖果，大人则围炉夜话。一些人家还要打豆腐，
在新年钟声敲响前喝豆浆、吃豆腐脑，剩余的豆腐脑做成水豆
腐、百叶。有的还要吆喝打年糕，庆丰收。吃过年糕，各自带
着"年年高"的祝福到亲朋好友家去拜年，一直到元宵节。

元宵节这一天，要摆酒设"灯宴"吃元宵（汤圆），直到
月上三更。汤圆，色白、浑圆而有光泽，香甜滑糯，寓意平
安、吉祥、圆满。在湘菜筵席中，汤圆被当做一种甜食，经常
上入酒席中，别有一番风味。

"三月三，地菜煮鸡蛋。"这句湖南农谚说的是，每年农
历三月三家家户户用地菜、枫球、红枣、生姜煮鸡蛋，吃了祛
风辟邪、明目。

湘人在立夏有吃笋、吃蛋的讲究。把采来的小笋去壳，用
米潲水浸泡1～2天，再取坛子酸菜、配辣椒炒着吃，叫"酸菜
炒鸡婆笋"，酸辣脆爽；立夏时吃煮熟的鸡鸭鹅蛋，可以消除
疲劳、增强体力。

起伏，则要吃"老姜炒雄鸡"。雄鸡一般取未开声的雄
鸡，用白酒老姜爆。大人吃了以后伏天不怕热，不生痱子，干
活有劲，精力旺盛，小孩吃了长筋骨。

到五月初五，又迎端午节。每年的这一天，家家户户门前窗上要挂插菖蒲、艾叶，办"端午宴席"。宴席上少不了粽子、包子、咸鸭蛋、紫苏黄瓜焖黄鳝、蒜子烧肉、雄黄酒。

待到中秋，吃月饼、桂花糕，佐以凉拌鲜藕，品桂花茶，饮桂花酒。除此之外，还要办团圆宴。一般农家以鸡、鱼、鸭、猪、牛为主料配菜成席，丰盛异常。

冬至要吃馄饨。当然，在湖南，人们吃馄饨的习俗早已不局限于冬至，一年四季都吃，并成为湘点中的精华面食。冬至这一天，还要吃糯米饭。糯米饭多用腊肉、红枣、湘莲，放油拌盐煨炒糯米再蒸，咸香微甜。

腊月初八要喝腊八粥，吃糖馓。湘人食"腊八粥"也有讲究：腊月初七晚上就准备，将各种杂粮杂果同煮一锅，慢火煮烂，等到腊月初八天刚亮就品尝，祈福年年"五谷丰登"。

到了腊月二十四，就是过"小年"。这一天除了要杀猪、祭灶神之外，饮食也较为特别。要将猪的心、肺清炖而食，将猪血鲜烫而吃。猪头祭祀完后，可用大蒜辣椒爆炒成菜；猪肉祭祀后可做成"砖子肉"烧而食，有点类似于红烧肉。

过完小年，迎来的又是一个除夕，拉开了人们又一个春节美食的序幕，年复一年，周而复始。

湘菜之"湘点"

湖南点心，简称湘点。湘点和湘菜一样，古典而不失时尚，古老而又青春，承载着湖湘文化的悠悠历史。它是刻在湘人唇齿间最古老的食文化符号，从远古走来，展示着湘俗的丰盈、湘女的多情、湘味的芬芳。它因千年乡风民俗的孕育而变得神秘有趣，因千年手艺的打磨而变得老辣、醇香。

湘点始于米制小吃。湖南是鱼米之乡，以米为主食。湘人为了变换口味，除了以米煮成饭、粥之外，还以米磨成粉，做成各种米糕、粑粑，一传几千年。有史载的米发糕、米松糕、盒子糕等就是早期的湘点。明末清初，面粉传入湖南，以面粉为原料的点心应时而生。各种馒头、包子、饺子、油条、馓子、馄饨、酥饼成为湘点的当家品种。这样，以米、蛋、面粉、杂粮为主要原料制作的湘点得到全面发展，并逐渐分离出早点、茶点、席点、节点等用途明显不同的点心。

早点即早餐点心，重在充饥。早点以油货店、包点店、粥店、摊担等形式经营，品种有包子、馒头、银丝卷、烧麦、饺子、春卷、油条、油饼、稀饭、豆浆等，价格实惠，口味多样。茶点即茶馆点心，较之早点更精致，杂带着浓浓的闲食味。一杯茶、一曲弹词、一段书评过后尝一口茶点，悠然自得，其乐无穷。西牌楼"洞庭春"的油饼、八角亭"大华斋"的脑髓卷、老照壁"徐松泉"的烧麦……这些属于记忆中老长沙的味道，如今早已不在。席点即筵席点心，较之早点、茶点更有雅致，以长沙老牌酒楼玉楼东的筵席点心最有代表。不同时节，也要吃不同的点心，即为节点。过年吃年糕和饺子，元宵节吃汤圆，端午节要吃粽子，中秋吃月饼……湘点在满足人们口福的同时，更成为人们精神上的食粮。

不论是早点、茶点、席点，还是节点，随着时间的流逝和湘人手艺的不断改进，都成为一道道湘人口上丰碑。

湘点精于吃法。汤圆要煮熟后放到拌有白糖的芝麻粉中滚着吃，说这叫"麻打滚"。吃油饼要吃滚酥大油饼，而且要一边是糖味一边是咸香味，鸳鸯滚着吃，称吃这样的油饼方显"富贵"。吃包子更有意思。要将香甜的糖包子和香鲜的肉包子放在一起，糖肉包子中间夹上花生米，大口地吃。糯米做成粑粑的吃法也多，或煎或炸，或蒸或烧或烤，香糯诱人……

湘点做到这份上，早已远远超过了充饥的层面，真是闲中偷乐，食中寻乐。或许，这才叫真正体味到了那句古话"食色，性也"的含义。

湘菜老字号印象

千年湘菜，因老字号而更有魅力和韵味。矗立在街头的老字号就像一个个湘菜博物馆，谱写着湖湘文化的生命之歌。无论光影怎样流转，品味如何变迁，它们永远都是"湘菜"不变的底色。走过繁华现代，走进熟悉的街道，为你盘点湘菜八大老字号餐厅，找寻记忆中的味道。

寻味湖南的朋友，首先不能错过火宫殿。火宫殿座落于长沙饮食民俗文化第一街——坡子街，紧邻长沙黄兴步行街。火宫殿成立至今已有400多年历史，它本为一座神庙，后经多次重修和改建，成就了今日的"小吃王国""湘菜首府"，为湖南餐饮酒楼之翘楚。

火宫殿的饮食伴庙会而生，广聚了民间市井各种名特小吃、经典菜肴，无一不特色鲜明，闻名于世。著名的小吃有臭豆腐、龙脂猪血、煮馓子、姊妹团子、红烧蹄花、荷兰粉等。传统经典湘菜有东安子鸡、腊味合蒸、清炖龟肉、发丝百叶、毛家红烧肉、红煨鱼翅等，皆选料讲究、做工精细、造型雅致、口味纯正，是传统湘菜的"活化石"。

到火宫殿一游，尝风味小吃，吃正宗湘菜，品名茶细点，听弹词湘剧，观火庙雄风……那种热闹喜庆的气氛任谁也无法不喜欢。

"一座玉楼东，半部湘菜史"。成立于1904年的玉楼东至今已走过110多年的历史，映射了整个湖南餐饮的成长轨迹，绽放着湘菜老字号的魅力。

玉楼东被誉为"湘菜黄埔军校"，经典美味多不胜数，其中又以麻辣子鸡和汤泡肚尖最美。曾国藩之孙曾广钧曾有诗"麻辣子鸡汤泡肚，令人常忆玉楼东"，可见一斑。除此之外，玉楼东的著名菜肴还有酸辣笔筒鱿鱼卷、银芽里脊丝、发丝牛百叶、松鼠鳜鱼、芙蓉鸡片、拔丝湘莲等。

"一夜落锅一叶飘，一叶离面又出刀，银鱼出水翻白浪，柳叶乘风下树梢"。说到新华楼，长沙人第一时间想到的，肯定是那一碗酱汁浓郁的刀削炸酱面。这面已经在长沙人心中留存了多年，香味久久回味，无法挥去。

新华楼创立于1953年，以经营削面、小吃、饭菜为主，其中尤以刀削炸酱面最为知名。虽然在南方，面不是饮食的主角，但位于长沙的新华楼，却以刀削炸酱面为主打，这在商业模式中或许有些逆市的不羁。但正是这种不羁，让长沙人记住了面的口味，记住了除了湘菜的辣之外，还有一种酱香叫做炸酱面。

当细长如柳叶的削面，准确地投入沸腾的煮锅，锅中翻腾，就像跳跃的银鱼，一秒都无法静止，直到熟透、出锅。加上刚刚做好的炸酱，热气腾腾，香味撩人。无论是吃面的人，还是路过的旅客，无不能感受到这味道里透着的熟悉的味道。

声名遐迩的百年老店"杨裕兴"面馆，由店主杨心田创建于清朝光绪二十年（1893年），至今已有120多年的历史。其店开始以经营米粉为主，1937年其子杨菊村任老板，随即增设汤面、卤腊味、蒸饺等食品，尤以汤面盛名全市，成为省内著名面馆。

杨裕兴面馆之所以能够享誉百年、经久不衰，秘诀之一就是其首创的"鸡蛋面"。杨裕兴的鸡蛋面是用上等面粉按特定比例加鸡蛋和水精制而成，下锅不粘不稠，入口不滑不腻，软硬适度，富有韧性，堪称一绝。杨裕兴的油码也是美味绝伦，酱汁、肉丝、酸辣、牛肉、杂酱是五种最常见也最受欢迎的油码。

杨裕兴的环境清净，建筑古朴而富有民族风味，服务风格也很有特色。如果你来到杨裕兴面馆，看见服务员"手里托个板子，板上放两碗面，面碗上再放板子，板子上再放面，一气儿能端上来十来碗"，并且还能自由地穿梭在拥挤的座位间，你的食欲也会油然而生。

甘长顺面馆由汨罗人甘长林创建于清光绪九年(1883年)，因取"长治久顺"之意，故面馆名为"甘长顺"。甘长顺历来以精取胜，其店门口所挂"甘旨唯斯"匾牌正体现出这一特点。甘长顺的面条色味俱佳、柔软可口，油码选料更精，制作上坚持"水清、汤开、油码热"的传统规程。甘长顺经常挂牌经营的高、中、低档品种有三十多种，如酱汁面、三鲜面、炖鸡面、寒菌面、膳片面、虾仁面、冬笋肉片面、肉丝面、鸡丝面等，其中尤以酱汁面、鸡丝面最负盛名。

双燕楼创建于清朝末年，在古城长沙南墙湾开办（今黄兴南路步行街），以经营馄饨、小吃为主，最著名的是绉纱馄饨、油炸馄饨，有长沙第一馄饨店之称。双燕楼的馄饨，制作十分考究，选料严谨，每一道工序都精工细作。因馄饨皮擀得薄如轻纱，出锅的馄饨粒粒肉馅饱满，尾部皱起两扇纱纹状折波，形如燕尾，故取名为"双燕馄饨"。有诗为证："皱纱折燕尾，蝉翼裹芳扉。真容关不住，秀色比贵妃。"

德园始建于清光绪年间，初为一家夫妻店。民国初年，几位失业官厨集资入伙，盘下该店，以官府菜、包点招揽食客。因菜肴制作总有海味鲜货等上乘余料留下，为免浪费，故将其剁碎，拌入包点馅心，谁知这竟使他们的包点风味异人，备受垂青。从此，德园包子名声大振。经过几次重修、改建，逐步形成驰名长沙的"八大名包"之一。德园包子选料精细，糖陷香甜爽口，肉陷油而不腻，以外形4个小孔的"四眼大包"为代表而独具特色。德园包点中的"银丝卷"亦是湘点的代表之作。

县正街周记粉店的米粉可以算是长沙米粉的典型代表。周记粉店只做传统长沙口味，店里最受欢迎的品种是原汤肉丝粉，淡中寻鲜，时刻诱惑着食客的味蕾。去到周记粉店，每每会看到这样一种现象：不到70个平方米的店里摆放着10张桌子，虽然拥挤却还是供不应求。每张桌旁传来的"呼呼"声此起彼伏，这是食客嘴唇与米粉摩擦的声音。虽然略显粗鲁，但也正是这份粗鲁显示出了他们对美食的热爱。

湘の味

Part 2

必吃经典湘菜，献给老派饕客的礼物

置身湖湘之地，邀请二三好友，一起来吃"湘"喝辣，纵享美味！11种必吃经典湘菜，每一款都有自己的特色和个性，让你的唇舌毫无招架之力，快来接受献给老派饕客的礼物吧！

无腊味不成席

在湖南农家，一入冬，气温下降，家家户户便开始腌制腊味，凡家禽畜肉及水产等均可腌制。腊味菜，只要保管得法，一年四季都能品尝。

腊味品种繁多，腊猪肉、腊牛肉、腊鸭、腊鸡、腊肠、腊鱼……它们无不色彩红亮、肉质结实，夹杂着烟火特有的气味。无论是放上辣椒小炒亦或用豆豉蒸制，那叫一个香！

漂泊在外，总会不由自主地想起这些美味。想念，不仅仅是对美食，更是那一份思乡之情！

腊肉鳅鱼钵

烹饪时间：10分钟

原料：

腊肉、泥鳅各300克，紫苏15克，剁椒20克，葱段、姜片、蒜片、青菜叶各少许

调料：

鸡粉2克，白糖3克，豆瓣酱20克，白酒15毫升，水淀粉、老抽、芝麻油、食用油各适量

美味秘诀

◎用肥瘦相间的腊肉会让菜被油包裹，滋味更足，如果选用瘦肉，那就需要再放点儿油。

◎将泥鳅用一字刀切开，这样烹煮的时候会更容易入味。

做法：

1. 腊肉切片；泥鳅切一字刀，切成段。

2. 锅中注水烧开，倒入腊肉，余煮片刻，关火后捞出余好的腊肉，装入盘中备用。

3. 锅中注油，烧至五成热，放入泥鳅，炸至其呈金黄色，关火，捞出泥鳅。

4. 锅底留油，倒入姜片、蒜片、剁椒、腊肉，炒匀，倒入豆瓣酱、泥鳅，炒匀。

5. 倒入白酒，注入适量清水，拌匀，大火焖5分钟至食材熟透。

6. 加鸡粉、白糖、老抽，放入紫苏，炒匀。

7. 倒入葱段、水淀粉，炒匀，加入芝麻油，翻炒至入味。

8. 关火后，盛出炒好的菜肴，装入放有青菜叶的碗中即可。

泥鳅的鲜嫩，加上腊肉的烟熏咸香，做出来就是一道鲜美异常、肥而不腻、独特风味的美食。离乡的孩子，一入冬总会想起家里的腊肉来，总想回家尝一尝亲人制作的腊味。

腊鱼腊肉蒸腊八豆

烹饪时间：23分钟

腊味，是湖南特有的味道，要是没有腊肉、腊鱼、腊鸭，湖南菜就失去了许多色彩和风味。

原料：

豆豉20克，腊八豆40克，腊肉120克，腊鱼200克，腊鸭腿块220克，葱花少许

调料：

料酒8毫升，生抽5毫升，食用油适量

做法：

1. 备好的腊肉切成片；备好的腊鱼切成小块。

2. 锅中注水烧开，倒入腊鱼块、腊肉片、腊鸭腿块，搅匀并汆去多余盐分。

3. 将汆好的食材捞出，沥干水分，装盘待用。

4. 热锅注油烧热，倒入豆豉，爆香；倒入腊八豆，加入汆煮过的食材，翻炒匀。

5. 淋入料酒、生抽，翻炒匀，关火；取一个碗，将炒过的食材摆入碗中。

6. 蒸锅上火烧开，放入食材，盖上锅盖，蒸20分钟至入味。

7. 关火，将菜取出倒扣入盘中，撒上葱花，即可食用。

奶奶总为我们备着食货，腊鱼占很大比重，也许在她心里，依然觉得我们是孩子，吃了会变聪明。

红椒腊鱼

🍲 烹饪时间：5分钟

原料：

腊鱼块150克，蒜苗段45克，干辣椒15克

调料：

料酒、生抽各5毫升，鸡粉、白糖各2克，食用油适量

做法：

1. 锅中注入适量清水，用大火烧开，倒入腊鱼块，汆煮片刻，捞出，沥干待用。

2. 用油起锅，放入干辣椒，爆香；倒入腊鱼块，炒匀。

3. 加入料酒、生抽，注入适量清水，炒匀。

4. 加入鸡粉、白糖，翻炒均匀，放入切好的蒜苗段，炒至入味，关火后盛出即可。

吃鸭闲话

无论行走到哪里，只要用心感受，美食即是人生。

芷江鸭、永州血鸭、酱板鸭、手撕鸭……在这些经典美味背后，分明可以看到一个又一个与味道有关的故事。

一鸭多味，有的咸辣辛香，有的甜鲜肥腴，有的柔韧耐嚼，有的温软酥烂，尽管味道各异，但道道都是美味。

自己动手制作一盘湘味鸭，和家人分享，那叫一个满足！

啤酒烧鸭

🍲 烹饪时间：20分钟

原料：
鸭肉块250克，姜片、葱花各少许

调料：
生抽6毫升，盐、鸡粉各2克，啤酒100毫升，冰糖50克，豆瓣酱40克，食用油适量

美味秘诀
◎啤酒最好等气泡都消失后再使用，口感会更鲜嫩。
◎等到腊鸭炒出香味之后再放啤酒，慢慢焖煮，能使成品口感更鲜香。

做法：

1. 锅中注入适量的清水，用大火烧开。

2. 倒入处理好的鸭肉块，汆去血水，再将汆好的鸭肉块捞出，沥干水分，装入备好的盘中，待用。

3. 热锅注入适量食用油，烧至三四成热，倒入姜片，爆香；倒入鸭肉块、冰糖，快速炒至冰糖融化。

4. 放入豆瓣酱，翻炒片刻，倒入啤酒，搅拌匀，淋入生抽，拌匀。

5. 盖上盖，大火煮开后转小火煮10分钟，至食材熟软。

6. 掀开盖，加入盐、鸡粉，翻炒调味，关火后将鸭肉块盛出装入碗中，撒上葱花即可。

相传康熙帝下江南途经都阳湖，在一家善做鸭菜的酒楼内避雨，不小心将杯中的酒撒进了沸腾的烧鸭锅内，一时间竟香气四溢。就这样，一道流传至今的经典美味就此产生。

"湘南好鱼，湘西爱鸭"，永州血鸭，闻起来香，细嚼则辣劲十足，若浇汁拌饭，更为开胃美食。

永州血鸭

烹饪时间：18分钟

原料：

鸭肉400克，青椒、红椒各50克，干辣椒15克，鸭血200毫升，姜末、蒜末、葱段各适量

调料：

盐、鸡粉各3克，豆瓣酱20克，生抽5毫升，料酒10毫升，食用油适量

做法：

1. 洗净的红椒、青椒分别切丁；洗好的鸭肉斩成小块，备用。

2. 将鸭肉装入碗中，放入盐、鸡粉、生抽、料酒拌匀，腌渍15分钟。

3. 用油起锅，倒入鸭肉，翻炒至鸭肉出油，加入姜末、蒜末、葱段，翻炒出香味。

4. 放入干辣椒、豆瓣酱，翻炒均匀，放入少许盐、鸡粉，淋入料酒，炒匀。

5. 倒入鸭血，翻炒均匀。

6. 加入切好的青椒、红椒，炒匀。

7. 关火后将炒好的菜肴盛出，装入盘中即可食用。

辣炒鸭舌

烹饪时间：5分钟

原料：

鸭舌180克，青椒、红椒各45克，姜末、蒜末、葱段各少许

调料：

料酒18毫升，生抽10毫升，生粉、豆瓣酱各10克，食用油适量

做法：

1. 洗净的青椒、红椒分别切开，去籽，切小块。

2. 锅中注水烧开，倒入洗好的鸭舌，淋入适量料酒，汆去血水，捞出；将鸭舌装入碗中，放入生抽、生粉，搅拌均匀。

3. 热锅注油，烧至五成热，倒入鸭舌，搅散，炸至金黄色，捞出备用；用油起锅，放入姜末、蒜末、葱段，爆香，倒入切好的青椒、红椒，翻炒片刻。

4. 放入鸭舌，加入豆瓣酱、生抽、料酒，快速翻炒片刻，至其入味；将炒好的菜肴盛出，装入碗中即可。

平时吃的酱鸭舌、卤鸭舌类的零食不少，一直都想自己动手做着吃，一道辣炒鸭舌，简单又美味。

❶

❷

❸

❹

无鸡不欢的时代

有多少个人，就有多少种不同的家味故事。它不是山珍海味，但它用时光与爱蒸炒慢炖，直至成为我们关于"家"最绵长难忘的味道记忆。

如果说吃炸鸡和啤酒是追求时尚，那么回家吃饭，则是对劳累奔波的自己的另一种慰藉。

每次回家，母亲定会做上一道鸡肉菜给我滋补，也许是有名的左宗棠鸡、东安子鸡或辣子鸡丁，又或是一道寻常的家常鸡汤，都能满足我对家的所有期待。

东安子鸡

烹饪时间：20分钟

原料：

鸡肉400克，红椒35克，辣椒粉15克，花椒8克，姜丝30克

调料：

料酒10毫升，鸡粉、盐各4克，鸡汤30毫升，米醋25毫升，辣椒油、花椒油各3毫升，食用油适量

美味秘诀

◎鸡肉还要入锅翻炒，因此氽煮时不宜煮熟，否则鸡肉太老会影响口感。

◎红椒丝在快出锅时放入，能使菜肴颜色更好看，但怕辣的朋友，也可以提前放入，以减轻辣味。

做法：

1.锅中注水烧开，放入鸡肉，淋入料酒，加入鸡粉、盐，盖上盖，烧开后再用小火煮15分钟。

2.揭开盖，把氽煮好的鸡肉捞出，沥干水分，放凉，待用。

3.洗净的红椒切开，去籽，切成丝；放凉的鸡肉斩成小块。

4.用油起锅，倒入姜丝、花椒，爆香；放入辣椒粉，炒匀。

5.倒入鸡肉块，略炒片刻，加入鸡汤、米醋，放入盐、鸡粉，炒匀调味。

6.淋入辣椒油、花椒油，翻炒匀，放入红椒丝，翻炒至其断生，把炒好的菜肴盛出，装入盘中即可。

东安子鸡，从唐代流传至今已有一千多年历史，用嫩母鸡和红辣椒焖、烧而成，菜色白、红、黄相映，味道酸辣鲜香，香味扑鼻，是油重色浓、口味酸辣的湘菜代表。

左宗棠鸡

🍲 烹饪时间：12分钟

相传因清朝名将左宗棠嗜吃此菜而得名，菜色金黄，外酥里嫩，集酸甜鲜嫩于一体而扬名海内外。

原料：

鸡腿250克，鸡蛋1个，姜片、干辣椒、蒜末、葱花各少许

调料：

辣椒油5毫升，鸡粉、盐各3克，白糖4克，料酒10毫升，生粉30克，白醋、食用油各适量

做法：

1.鸡腿去除骨头，切小块，装碗，加盐、鸡粉、料酒、蛋黄、生粉，搅匀。

2.热锅注油，烧至六成热，倒入鸡肉，快速搅散，炸至金黄色，捞出，待用。

3.锅底留油，放入蒜末、姜片、干辣椒、爆香；倒入鸡肉，淋入料酒，炒匀提鲜，再放入辣椒油、盐、鸡粉、白糖，翻炒片刻。

4.淋入少许白醋，倒入葱花，翻炒片刻，使其入味，将炒好的鸡肉盛出，装入盘中即可。

①

②

③

④

爆炒腊鸡

🍲 烹饪时间：17分钟

原料：

腊鸡块170克，青椒、红椒各50克，姜片、葱段、蒜片各少许

调料：

料酒、生抽、老抽各5毫升，盐、鸡粉各2克，食用油适量

做法：

1. 洗净的青椒切开，去籽，切成块；洗净的红椒切开，去籽，切成块，装盘待用。

2. 用油起锅，放入姜片、葱段、蒜片，爆香；倒入切好的腊鸡块，炒香，加入适量料酒、生抽，快速翻炒均匀。

3. 注入适量清水，用大火焖约15分钟至熟。

4. 加入盐、鸡粉，炒匀，倒入青椒块、红椒块，加入老抽，翻炒至食材熟透入味。

5. 关火后盛出炒好的菜肴，装入盘中即可。

腊鸡的制成需要一段时间，但当你吃到嘴里的那一刻，就会明白所有的等待都是值得的。

好吃不过一尾鱼

鲫鱼、鲤鱼、草鱼、鲢鱼……在湘味厨师的巧手之下，可以幻化出煎、炒、煮、蒸、炸等多重美味。不过，我最爱的还是剁椒鱼头。

剁椒鱼头也常被称为"鸿运当头""开门红"，火辣辣的红剁椒，覆盖着白嫩嫩的鱼头肉，蒸好后，鱼头的鲜香得以保留，剁椒的味道又恰到好处地渗入到鱼肉中，咸鲜微辣，湘菜香辣的诱惑，在"剁椒鱼头"上得到了完美体现。

第一口鱼肉入口，你就会明白为什么那么多人会对它恋恋不忘了！

剁椒鱼头

🍲 烹饪时间：22分钟

原料：
鲢鱼头450克，剁椒130克，葱花、葱段、蒜末、姜末、姜片各适量

调料：
盐2克，味精、蒸鱼豉油、料酒、食用油各适量

美味秘诀
◎鱼头上锅蒸制之前，腌渍时间不要太长，以10分钟为佳。
◎在鱼两侧划纹时，走刀不要太深，否则鱼肉易散，影响成品的外观及口感。

做法：

1.鲢鱼头洗净，切成相连的两半，在鱼肉上划上一字刀花，用料酒抹匀鱼头，鱼头内侧抹上盐和味精。

2.将剁椒、姜末、蒜末装碗，加盐、味精抓匀，铺在鱼头上。

3.将鱼头翻面，铺上剁椒，放上葱段和姜片，腌渍入味。

4.蒸锅注水烧开，放入鱼头，加盖，用大火蒸约10分钟至熟透。

5.揭盖，取出蒸熟的鱼头，挑去姜片和葱段，淋上蒸鱼豉油，撒上葱花。

6.另起锅，倒入少许食用油烧热，将热油浇在鱼头上即可。

剁椒，湘菜中的特色调味料，在很多菜式里都能看到它的身影，特别有名的当然非剁椒鱼头莫属了！剁椒鱼头，吃的就是那个纯正的剁椒味，想尝湘菜的异乡客不可错过。

剁椒鲈鱼

烹饪时间：20分钟

鲈鱼肉质白嫩、清香、刺少，蒸、煮都适宜，难怪范仲淹会有"江上往来人，但爱鲈鱼美"的感慨。

原料：

海鲈鱼350克，剁椒35克，葱条适量，葱花、姜末各少许

调料：

鸡粉2克，蒸鱼豉油30毫升，芝麻油适量

做法：

1. 处理干净的海鲈鱼在背部切上花刀，待用。

2. 取一个小碗，倒入备好的剁椒、姜末，淋入适量蒸鱼豉油，加入鸡粉，拌匀，制成辣酱，待用。

3. 取一个蒸盘，铺上洗净的葱条，放入海鲈鱼，再铺上辣酱，摊匀，淋入少许芝麻油，待用。

4. 蒸锅中加入适量清水，用大火烧开，放入蒸盘。

5. 盖上盖，用中火蒸约10分钟，至食材熟透。

6. 关火后揭开锅盖，取出蒸盘，趁热浇上少许蒸鱼豉油，点缀上葱花即可食用。

这经典又易做的菜，正是为了让你想做就做，不浪费光阴。制作每一顿美食，犒劳忙碌的自己。

辣蒸鲫鱼

烹饪时间：15分钟

原料：

净鲫鱼350克，红椒35克，姜片15克，葱丝、姜丝、葱段各少许

调料：

盐3克，胡椒粉少许，蒸鱼豉油、食用油各适量

做法：

1. 处理干净的鲫鱼切上花刀；洗净的红椒去籽，再切丝，改切丁。

2. 把切好的鲫鱼装入洗净的盘中，撒上少许盐、胡椒粉，倒入适量食用油，腌渍一会儿，待用。

3. 取一蒸盘，铺上葱段，放入腌渍好的鲫鱼，撒上红椒丁、姜片，摆好。

4. 蒸锅上火烧开，放入蒸盘，用大火蒸约8分钟，至食材熟透。

5. 关火后揭盖，取出蒸盘，拣去姜片，撒上葱丝、姜丝。

6. 浇上热油，淋入蒸鱼豉油即可。

虾、蟹的口水争锋

如果到了湖南，不去尝尝口味虾、口味蟹，不得不说是个遗憾。

不论是香辣小龙虾，还是油焖大虾，每一道都有湖南人说不尽的滋味。

相较于小龙虾，蟹也有当仁不让之风。自从多年前，口味蟹在南门口许记螃蟹研制成功，它便成了长沙人难以割舍的美味。

在湖南，每逢天色刚刚稍暗，大街小巷的"口味虾、口味蟹"便浩浩荡荡杀了出来，食客们穿梭其中，寻找自己最中意的一家，日落吃到午夜时分，弥漫在空气中的香辣之气则是湖南特有的味道。

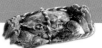

 ## 爆炒小龙虾

🍲 烹饪时间：12分钟

原料：

小龙虾600克，干辣椒15克，葱段20克，姜片、蒜片、花椒粒各适量

调料：

料酒4毫升，生抽5毫升，盐、鸡粉各2克，白糖3克，胡椒粉、辣椒油、食用油各适量

美味秘诀

◎处理小龙虾时，直接掐去小龙虾的尾部，接下来就很容易去除虾线。

◎如果不喜欢鱼腥味，可先把龙虾尾用酒和盐水浸一下，有去腥去污的作用。

做法：

1. 热锅注入适量食用油，烧至三四成热，倒入花椒粒、干辣椒，爆香，加入葱段、姜片、蒜片，爆香。

2. 倒入小龙虾，快速翻炒至转色，淋上料酒，翻炒提鲜。

3. 加入适量生抽，快速翻炒均匀，倒入少许清水，炒匀，盖上锅盖，用小火煮约8分钟至收汁。

4. 掀开盖，加入盐、鸡粉、胡椒粉、白糖，翻炒调味。

5. 淋入少许辣椒油，翻炒均匀。

6. 关火后将炒好的小龙虾盛出，装入盘中即可食用。

从来都抵挡不住小龙虾的诱惑，只要看到那鲜红诱人的虾球，食欲便能大增。小时候，一放暑假，总要成群结队地去捉虾，现在，出门在外，经常想起那爆炒小龙虾的鲜香来。

"秋风起,蟹脚痒;菊花开,闻蟹来",9~10月正是螃蟹黄肥满之时,吃蟹就成了食客乐享的事情。

金福城香辣蟹

烹饪时间:10分钟

原料:
花蟹150克,干辣椒15克,花生仁20克,葱段、姜片、大蒜、香菜各少许

调料:
盐、白糖各2克,鸡粉1克,豆瓣酱20克,生抽、料酒、水淀粉各3毫升,食用油适量

做法:

1.用油起锅,放入大蒜、花生仁、姜片、葱段,炒出香味。

2.倒入豆瓣酱,炒匀,放入干辣椒,翻炒数下,注入约150毫升清水,待煮沸后放入处理干净的花蟹块,拌匀。

3.加入适量盐、白糖、生抽、料酒,将调料翻炒均匀。

4.加盖,用大火煮开后转小火焖5分钟至食材入味。

5.揭盖,放入鸡粉调味。

6.加入水淀粉,搅至酱汁微稠,关火后盛出菜肴,放入香菜即可。

韭菜花炒河虾

烹饪时间：2分钟

原料：

韭菜苔165克，河虾85克，红椒少许

调料：

蚝油4克，盐、鸡粉各少许，水淀粉、食用油各适量

做法：

1. 将洗净的红椒切开，切成粗丝，装盘备用。

2. 洗好的韭菜苔切长段。

3. 用油起锅，倒入备好的河虾，炒匀，至其呈亮红色。

4. 放入红椒丝，炒匀，倒入切好的韭菜苔。

5. 用大火翻炒一会儿，至其变软，加入少许盐、鸡粉，炒匀，再淋入适量蚝油。

6. 用水淀粉勾芡，炒至食材入味。

7. 关火后盛出炒好的菜肴，装在盘中即成。

河虾酥香，用水淀粉的浓稠勾芡，加上有韭菜提香，吃在嘴里，似乎感到春天的新鲜气息呢！

蛋的不同风味

蛋虽是平凡的食材，却也是百搭的味道。

一颗蛋，饰演着无数的角色，是面条上躺着的荷包蛋；是外脆里嫩的虎皮蛋；是筷子插进去，油"吱啦"一下流出来的咸鸭蛋；还是气味刺鼻、口味丰富的松花蛋……

蛋的做法掰着手指头就能数尽，蛋的味道却绝不仅仅只有几种。不信，就来尝尝湘菜的百变蛋料理。

松花皮蛋

烹饪时间：2分钟

原料：

松花蛋160克，朝天椒15克，青椒、香菜、蒜末各少许

调料：

鸡粉、白糖各2克，生抽6毫升，芝麻油4毫升，陈醋2毫升，食用油适量

美味秘诀

◎制作这道松花皮蛋时还可加点姜末，可减轻皮蛋的涩味。

◎食用前可入冰箱冷藏，食用时取出，口感更清凉爽口。

做法：

1. 处理好的松花蛋切成瓣；洗净的青椒切开，去籽，改切成小段；洗净的朝天椒切成小块。

2. 取一个洗净的盘子，将松花蛋围着盘摆放好，待用。

3. 热锅注油烧热，倒入青椒、朝天椒、蒜末，炒香。

4. 加入生抽，快速翻炒均匀，关火，注入少许凉开水。

5. 加入适量鸡粉、白糖、芝麻油、陈醋，搅拌匀。

6. 将调好的味汁浇在松花蛋上，摆放上备好的香菜即可。

松花皮蛋是湖南人再熟悉
不过的菜肴了，尤其在夏
天，家家户户都少不了皮
蛋的影子，红亮的辣椒调
味汁，浇在皮蛋上，简单地
调一下味，动上一筷，香气
迎入口中，浓而不化。

香辣金钱蛋

🍲 烹饪时间：2分钟

将煮熟的鸡蛋切片后先煎炸，再和新鲜辣椒一起爆炒，外焦里嫩，色泽金黄，很是诱人！

原料：

熟鸡蛋3个，圆椒55克，泡小米椒25克，蒜末、葱花各少许

调料：

生抽、水淀粉各5毫升，盐、鸡粉各2克，料酒10毫升，芝麻油2毫升，食用油适量

做法：

1. 将泡小米椒切碎；洗好的圆椒切粒；熟鸡蛋去皮，切成片，将切好的食材装盘，待用。

2. 用油起锅，放入蒜末、圆椒、泡小米椒，翻炒匀，倒入鸡蛋，加入生抽，炒匀上色。

3. 淋入料酒，放入盐、鸡粉，炒匀调味，倒入水淀粉，翻炒片刻。

4. 淋入芝麻油，炒至食材入味，把炒好的菜肴盛出，装入盘中即可。

① ② ③ ④

豆豉荷包蛋

烹饪时间：6分钟

原料：

鸡蛋3个，蒜苗80克，小红椒1个，豆豉20克，蒜末少许

调料：

盐、鸡粉各3克，生抽、食用油各适量

做法：

1. 将洗净的小红椒切成小圈；洗好的蒜苗切段。

2. 锅中注油烧热，打入鸡蛋，翻炒几次，煎至成形，把煎好的荷包蛋盛入碗中。

3. 按同样方法再煎2个荷包蛋，装入碗中，待用。

4. 锅底留油，放入蒜末、豆豉，炒出香味，加入切好的小红椒、蒜苗，翻炒均匀。

5. 放入荷包蛋，炒匀，放入少许盐、鸡粉、生抽，炒匀。

6. 盛出炒好的荷包蛋，装入盘中即可食用。

银盘红日，搭配颗颗豆豉，瞬间想到太阳黑子，想必这美味之中，也蕴藏着足以爆发的能量吧。

不可一日无肉

每一个故事都是一段人生，或悲或喜、或苦或乐，就如美食一般，每一道都能刺激你特殊的味蕾。

寻常的农家小炒肉，或是红烧肉、扣肉这样的硬菜，总有一道是你所爱的。

毛氏红烧肉，原本家喻户晓的红烧肉在主席菜这个神秘背景的烘托下显得尤其有分量，听说过的陌生的"饕客"们，相信都不会放过这道味美佳肴。

扣肉是一道传统的宴客大菜，经过炸、蒸的处理，肉色泽金黄、酥烂多汁，总能满足你作为吃货的所有欲望。

湖南夫子肉

烹饪时间：185分钟

原料：
香芋400克，五花肉350克，蒜末、葱花各少许

调料：
盐、鸡粉各3克，蒸肉粉80克，食用油适量

美味秘诀

◎炸香芋时宜用小火，而且时间不宜过长，以免炸煳。

◎蒸肉粉入锅后要改小火翻炒一会儿，让每块肉与香芋都裹上米粉。

做法：

1. 将洗净的香芋切片；洗好的五花肉切片，待用。

2. 热锅注油，烧至五成热，放入香芋，搅拌匀，炸出香味。

3. 捞出炸好的香芋，沥干油，备用。

4. 锅留底油，放入五花肉，炒至变色，放入蒜末，炒香，倒入香芋，炒匀。

5. 放入部分蒸肉粉，炒匀，加入盐、鸡粉，再倒入剩余的蒸肉粉，炒匀。

6. 盛出炒好的食材，装入盘中，将食材放入蒸锅中，盖上盖，用小火蒸3小时。

7. 揭盖，把蒸好的香芋五花肉取出，撒上葱花，淋上热油即可。

夫子肉是湖南人宴客的大菜! 其卖相虽然普通, 味道却十分霸气, 还未出锅便能香味扑鼻, 此菜难度系数小, 就是费功夫, 所以湖南农家能吃到此菜, 便是主人家盛情的体现。

肉质细嫩，鲜香滑嫩，一日三餐顿顿想吃，非常简单的做法却非常好吃，正是其吸引人的原因所在。

农家小炒肉

烹饪时间：5分钟

原料：

五花肉150克，青椒60克，红椒15克，蒜苗10克，豆豉、姜片、蒜末、葱段各少许

调料：

盐3克，味精2克，豆瓣酱、老抽、水淀粉、料酒、食用油各适量

做法：

1.洗净的青椒切圈；洗净的红椒切成圈；洗净的蒜苗切2厘米长的段；洗净的五花肉切成薄片。

2.用油起锅，倒入切好的五花肉，炒约1分钟至出油。

3.加入少许老抽、料酒，炒香，倒入豆豉、姜片、蒜末、葱段，炒约1分钟。

4.加入适量豆瓣酱，翻炒匀，倒入青椒、红椒、蒜苗，炒匀。

5.加入盐、味精，炒匀调味，加少许清水，煮约1分钟。

6.加入少许水淀粉，用锅铲拌炒均匀，将锅中菜肴盛出，装盘即成。

毛家红烧肉

🍲 烹饪时间：50分钟

原料：

五花肉750克，干辣椒5克，姜片、大蒜、八角、桂皮、葱花各适量

调料：

盐5克，老抽2毫升，红糖15克，白酒10毫升，白糖10克，料酒、食用油各适量

做法：

1. 锅中注水，放入五花肉，盖上盖，大火煮约15分钟，揭盖，捞出。

2. 洗净的大蒜切片；将煮好的五花肉切成小块。

3. 锅中注油烧热，加入白糖，炒至溶化，爆香八角、桂皮、姜片、蒜片，炒香。

4. 放入切好的五花肉，翻炒片刻，至五花肉上色，淋入料酒，炒匀。

5. 放入干辣椒，加入适量清水，加入盐、老抽、红糖，搅拌匀，淋入少许白酒，拌匀。

6. 盖上盖，小火焖40分钟至五花肉熟软，揭开锅盖，转大火收汁，翻炒片刻后关火。

7. 将做好的红烧肉盛入碗中，浇上少许汤汁、撒上葱花即成。

肥而不腻、鲜香咸辣……肉是半瘦半肥的猪肉，周末，和朋友美美地吃上一顿就特别地满足。

难得美味最"肠"吃

《儒林外史》中有这样一段，范进中了秀才后，岳丈胡屠户提了一副肥肠、一瓶酒去贺喜，吃到日西时分，才醉醺醺，横披了衣服，腆肚而去。

想来，肥肠在那个时代便是难得的佳肴了。

肥肠，爱吃者喜欢它爽滑的口感和香醇的味道，不吃者却闻而畏却、望而止步。

湖南人喜欢吃肥肠，不论是干锅肥肠，还是加点腊八豆、拆骨肉同炒，都是湖南人不舍停筷的美味。

想来一顿湘菜盛宴的你，怎可错过"肠"的美味呢?

爆炒卤肥肠

 烹饪时间：3分钟

原料：

卤肥肠270克，红椒35克，青椒20克，蒜苗段45克，葱段、蒜片、姜片各少许

调料：

盐、鸡粉各少许，料酒3毫升，生抽4毫升，水淀粉、芝麻油、食用油各适量

美味秘诀

◎卤肥肠的汆水时间不宜太长，以免影响成品的口味。

◎如果不喜欢肠子的腥味，可选择多放些姜片，也有同样的去腥提味的作用。

做法：

1. 将洗净的红椒切开，去籽，切菱形片；洗好的青椒切开，去籽，切菱形片；备好的卤肥肠切小段。

2. 锅中注水烧开，倒入卤肥肠，拌匀，汆去杂质后捞出，沥干水分，待用。

3. 用油起锅，撒上蒜片、姜片，爆香；倒入汆好的卤肥肠，炒匀炒香。

4. 淋上适量料酒、生抽，放入青椒、红椒，炒匀。

5. 注入适量清水，加盐、鸡粉，炒匀调味。

6. 用水淀粉勾芡，放入洗净的蒜苗段、葱段，炒出香味。

7. 淋上适量芝麻油，炒匀，至食材入味，关火后盛出菜肴，装入盘中即成。

想亲尝湖南地道的美味肥肠，那就来做一道简单易制的爆炒卤肥肠吧。浓郁的味道，鲜艳的色泽，入口即有满嘴的鲜辣、浓香，而且特别筋道，吃完了还想再吃。

美味的干锅肥肠，在湖南地方尤为流行。精选肥肠，加上特别的烹制，口感不老不嫩，又辣又香。

干锅肥肠

烹饪时间：3分钟

原料：

猪大肠180克，圆椒50克，红椒40克，大白菜叶70克，蒜末、姜片、葱段、干辣椒、八角、桂皮各适量

调料：

盐、鸡粉各2克，料酒10毫升，豆瓣酱、番茄酱各15克，白糖4克，水淀粉5毫升，生抽、食用油各适量

做法：

1. 洗好的红椒切开，去籽，切成小块；洗净的圆椒切条，再切小块；猪大肠切成小块，待用。

2. 用油起锅，放入姜片、蒜末、葱段、干辣椒、八角、桂皮，爆香。

3. 倒入圆椒、红椒，快速翻炒均匀，放入猪大肠，加入豆瓣酱，淋入料酒，炒匀提鲜。

4. 淋入适量生抽、清水，放入番茄酱、盐、鸡粉、白糖，快速炒匀调味。

5. 加入适量水淀粉，翻炒匀，至食材入味。

6. 关火后将炒好的菜肴盛入已铺好大白菜叶的干锅中即可。

辣拌肠头

烹饪时间：2分钟

原料：

卤肠头250克，红椒15克，香菜10克，蒜末少许

调料：

盐3克，鸡粉少许，辣椒油、芝麻油各适量

做法：

1. 将洗净的香菜切成粒；洗净的红椒切成圈。
2. 将处理好的卤肠头切成小段，装入碗中，待用。
3. 碗中放入蒜末，再倒入切好的红椒、香菜。
4. 加入适量盐、鸡粉，淋入少许辣椒油，再倒入芝麻油，搅拌均匀至食材入味。
5. 取一个盘子，将拌好的食材装入盘中即可。

大肠头味道鲜脆，用重调料拌制入味后，味道清爽好吃，是十分爽口的开胃菜哦。

吃豆那些事儿

在湖南，豆腐是十分常见的食物，每一天，每个人，都会与豆腐有着这样或那样的亲密接触。

两千多年前，一心寻求长生不老的淮南王刘安，意外地将豆腐带到人间。从此之后，以营养丰富而被誉为"田中之肉"的豆腐，就和中华民族结下了不解之缘。

在湖南，白豆腐、臭豆腐、香干、柴火香干、油豆腐、毛豆腐，抑或是未经处理的豆子，无一不在用时间演绎着它们的故事。

 # 腊味豆腐

烹饪时间：9分钟

原料：

豆腐200克，腊肉180克，干辣椒10克，蒜末10克，朝天椒15克，姜片、葱段各少许

调料：

盐、鸡粉各1克，生抽5毫升，水淀粉5毫升，食用油适量

美味秘诀

◎如果担心豆腐易碎煎不成形，可以先将豆腐放入开水锅中焯后再煎。

◎朝天椒辣味较重，如果不想吃得太辣，可以用红椒代替。

做法：

1. 洗净的豆腐切粗条；腊肉对半切开，切片，待用。

2. 热锅注油，放入切好的豆腐，煎约4分钟至两面焦黄，出锅备用。

3. 锅留底油，倒入切好的腊肉，炒至腊肉散发出香味，放入姜片、蒜末、干辣椒、朝天椒，炒匀。

4. 加入生抽，注入适量清水，倒入煎好的豆腐，炒约2分钟至熟软。

5. 加入适量盐、鸡粉，翻炒约2分钟，至食材入味。

6. 用水淀粉勾芡，倒入葱段，炒至收汁，关火后盛出菜肴，装盘即可。

父亲说，他最爱吃的就是奶奶做的腊味豆腐，这句话他不厌其烦地说了好多年……可见这道菜的魅力所在，在烧制豆腐的基础上，加上一点腊肉，味道大有改变，非常好吃。

香干蒸腊肉

烹饪时间：25分钟

腊味和香干两味融合，咸香不腻。周末在家，用这几样简单的食材，便能蒸制出令人惊喜的美味来。

原料：

去皮白萝卜200克，腊肉250克，香干200克，豆豉10克，葱花少许

调料：

盐2克，白糖5克，生抽、料酒各5毫升，白胡椒粉4克，水淀粉、食用油各适量

做法：

1.洗净的白萝卜切片，改切成丝；腊肉切片；洗好的香干横刀切开，切成长块。

2.取一块香干，放上腊肉片，再放上另一块香干，制成三明治状，摆放在碗中，放上白萝卜丝，待用。

3.取一碗，加入生抽、料酒、盐，注入适量清水，加入食用油、白胡椒粉，制成调味汁。

4.将调好的味汁均匀地浇在白萝卜丝上，备用。

5.蒸锅中注水烧开，放入蒸盘，用中火蒸至食材熟透，关火后取出，将菜肴中的汁液倒入碗中，待用；把香干、腊肉倒扣在盘子中。

6.用油起锅，倒入豆豉，炒香，淋入汁液，加入水淀粉、白糖、食用油，搅拌至入味。

7.关火后盛出调好的汁液，浇在香干腊肉上，撒上葱花即可。

只要将香干和辣椒切好，下油锅加调料翻炒，一道香、辣、软、嫩的经典香干就出锅了！

辣炒香干

🍲 烹饪时间：2分钟

原料：

香干300克，青椒、红椒各35克，姜片、蒜末、葱段各少许

调料：

盐、鸡粉各2克，料酒5毫升，生抽、水淀粉各4毫升，豆瓣酱10克，辣椒酱7克，食用油适量

做法：

1. 洗好的香干切成薄片；洗净的青椒、红椒切开，去籽，切成小块。

2. 锅中注入适量食用油，烧至四成热，倒入香干，炸至其呈微黄色，捞出，沥干油，备用。

3. 锅底留油烧热，倒入姜片、葱段、蒜末，爆香；放入青椒、红椒，翻炒均匀，倒入炸好的香干，淋入料酒、生抽。

4. 放入豆瓣酱、盐、鸡粉、辣椒酱，炒匀调味，加入水淀粉，续炒片刻，使其入味，关火后将炒好的香干盛出，装入盘中即可。

锅的盛宴

在食尚界，锅有很多，干锅、香锅、汤锅、火锅，每一种锅都呈现出不同的美食滋味，或鲜香、或麻辣、或浓稠。

一只电锅或酒精锅，亲朋好友围坐一团，把臂共话，品味食材在锅中嗞啦作响、持续加热的浓郁气氛，举箸大嗖，感情也随之升温。

入冬了，气温骤降，小雪刚过时，更觉寒意侵袭，此时来一盆热腾腾的"锅"美食，可好？

肥肠香锅

烹饪时间：10分钟

原料：
肥肠200克，土豆120克，香叶、八角、花椒、干辣椒、姜片、蒜末、葱段各适量

调料：
盐3克，料酒、辣椒油各8毫升，生抽、水淀粉各5毫升，豆瓣酱10克，白糖2克，陈醋4毫升，老抽2毫升，食用油适量

美味秘诀

◎处理肥肠时，要将里面的肥油刮干净，这样味道会更好。

◎怕辣的话可减少干辣椒的用量。

做法：

1. 洗净去皮的土豆切开，改切成片，备用。

2. 开水锅中加盐，倒入土豆片，煮至断生，捞出，沥干待用。

3. 放入肥肠，淋入料酒，余去异味，捞出。

4. 用油起锅，爆香姜片、蒜末、葱段，倒入香叶、八角、花椒、干辣椒，翻炒均匀。

5. 放入肥肠，炒匀，淋入料酒、生抽，加入豆瓣酱、辣椒油，炒至肥肠六成熟。

6. 倒入土豆片，加入适量清水，煮沸，加入老抽、盐、白糖，炒匀调味。

7. 用大火略煮，淋入陈醋，炒匀，煮至食材熟；待汤汁浓稠，淋入适量水淀粉勾芡。

8. 关火后将肥肠盛出，装入砂煲中，将砂煲置于旺火上，煲煮5分钟，取下砂煲即可。

劲道十足、绵软适口，一碗色泽鲜美的肥肠，用香锅煲几分钟，而且只需要几分钟，那诱人的外观、鲜香的味道、入口后回味无穷的滋味，真是叫人恋恋不忘呢。

浓郁的腊味加上茶树菇独特的口感,在慢慢升温的锅中变得浓郁鲜香,让人对这锅美食百吃不厌。

干锅腊肉茶树菇

烹饪时间:8分钟

原料:

茶树菇200克,腊肉240克,洋葱50克,红椒40克,芹菜35克,干辣椒、花椒各少许

调料:

鸡粉、白糖各2克,豆瓣酱20克,生抽3毫升,料酒4毫升,食用油适量

做法:

1. 将洗净的洋葱切成丝;芹菜切成段;红椒切圈;茶树菇切成段;腊肉取瘦肉部分,切成片。

2. 锅中注水烧开,放入腊肉,余去多余盐分,捞出,沥干水分,待用。

3. 将茶树菇倒入沸水锅中,焯煮至断生,捞出,沥干水分,待用。

4. 用油起锅,放入花椒、豆瓣酱,炒香,加入干辣椒、腊肉、茶树菇,略炒。

5. 放入红椒圈、芹菜,炒至熟软,放入生抽、料酒、白糖、鸡粉,炒匀。

6. 加入洋葱,炒匀,将菜肴盛出装入干锅中即可。

干锅腊肉

烹饪时间：9分钟

原料：

腊肉350克，去皮莴笋、蒜薹各200克，朝天椒10克，干辣椒5克，姜丝、葱段各适量

调料：

鸡粉、白糖各1克，生抽、料酒、辣椒油各5毫升，食用油适量

做法：

1. 洗好的蒜薹切段；洗净的莴笋切条，再切段；腊肉切厚片。

2. 锅中注水烧开，倒入切好的腊肉，余去多余油脂及盐分，捞出待用。

3. 另起锅注油，倒入余好的腊肉，翻炒至油分析出，盛出，装盘待用。

4. 锅留底油，倒入姜丝、干辣椒、朝天椒，放入切好的蒜薹、莴笋，翻炒均匀。

5. 倒入炒过的腊肉，翻炒2分钟至熟软，加入生抽、料酒、炒匀。

6. 加入鸡粉、白糖，注入适量清水，炒匀，淋入辣椒油，翻炒至入味。

7. 备好干锅，放上葱段，盛入炒好的菜肴，炉子点上火即可。

寒冬腊月正是吃腊肉的好时节。莴笋的清香、蒜薹的脆爽、腊肉的浓郁，交融在一起的滋味太美了。

就好这口野味

人生就是一场寻觅的过程，带着感恩的心上路，就能与藏着的美食邂逅。

野菜，自然天成，未经人工化肥、农药的侵染，味道更浓郁，口感也更为细腻。

香椿炒鸡蛋、腊肉炒蕨菜、清炒泥蒿……那味道里都是自然的气息，想起来味蕾都泛着香气。

荠菜、蕨菜、鱼腥草、香椿……这些野味，现在偶尔能吃上一顿，也是难得的奢侈了。

湘西腊肉炒蕨菜

烹饪时间：7分钟

原料：

腊肉200克，蕨菜240克，干辣椒、八角、桂皮各适量，姜末、蒜末各少许

调料：

盐、鸡粉各2克，生抽4毫升，食用油适量

美味秘诀 ▮▮▮▮▮▮▮▮▮▮

◎菜肴炒制后再加盖焖煮，让腊肉和蕨菜的味道相互渗透，可以使菜味更加鲜美。

◎新鲜的蕨菜表面有茸毛，烹饪前要充分洗净，以免影响口感。

做法：

1.将腊肉切成片；洗净的蕨菜切成段。

2.锅中注入适量清水，用大火烧开，放入切好的腊肉，余去多余盐分，捞出，沥干水分，待用。

3.用油起锅，放入八角、桂皮，炒香。

4.放入干辣椒、姜末、蒜末，炒匀，倒入腊肉，炒香。

5.淋入生抽，炒匀，加入蕨菜，炒匀，加适量清水、少许盐。

6.盖上盖子，中火焖5分钟。

7.揭盖，放入鸡粉，炒匀，关火后将炒好的菜肴盛出，装盘即可。

腊肉加入调料腌渍，经过炭火的熏烤，鲜咸可口，需煮味醇，而山野间的蕨菜清脆爽口，与腊肉配合相得益彰，可谓完美，要想尝湖南的野味，这道菜绝不可错过了。

车前草拌鸭肠

烹饪时间：3分钟

初夏时，乡野里、山路边，随处可采到野菜，车前草是常见的野菜，用它拌鸭肠，别有一番滋味。

原料：

鸭肠120克，车前草30克，枸杞10克，蒜末少许

调料：

盐、鸡粉各1克，生抽、陈醋、芝麻油各5毫升

做法：

1. 洗净的鸭肠切成段。
2. 沸水锅中倒入切好的鸭肠，汆一会儿，捞出汆好的鸭肠，沥干水分，装碗待用。
3. 鸭肠中倒入洗好的车前草，放入枸杞，倒入蒜末。
4. 加入盐、鸡粉、生抽、芝麻油、陈醋，拌匀至入味，将拌好的食材装入盘中即可食用。

❶　❷　❸　❹

只是简单地煎个荷包蛋，未免少了一点滋味，加入适量艾叶之后，香味提升，食欲也能增进不少。

艾叶煎鸡蛋

🍲 烹饪时间：5分钟

原料：
艾叶、红椒各5克，鸡蛋2个

调料：
盐、鸡粉各1克，食用油适量

做法：

1. 洗净的红椒切开，去籽，切成丝。

2. 鸡蛋打入碗中，加入盐、鸡粉，搅散，制成蛋液。

3. 用油起锅，倒入蛋液，放上红椒丝、洗好的艾叶，摆放均匀，煎2分钟至成形。

4. 倒入少许油，以防止继续煎制时粘锅，略煎1分钟至底面焦黄，翻面，煎约1分钟至食材熟透，关火后盛出蛋饼即可。

❶

❷

❸

Part 3

难忘温馨家馔，
记忆中永不褪色的好味道

记忆中难忘却的，总是妈妈做的饭菜香。无论是炒、蒸、煨、炖……那一道道美食，是妈妈的疼爱，是儿时的快乐，是悠悠的思念。跟随本章，用爱做好菜，用心烹佳肴，给自己一份心灵的慰藉和味蕾的满足。

经典家常炒

做湘菜，从小炒开始，这总错不了。有句话说得很精辟：不会小炒就不懂湘菜。
炒菜是湘菜最常见的做法，在湘人的餐桌上，一顿家常便饭总会有两三道炒菜，
夏天配上几个凉菜，冬天则再添一碗浓汤或炖菜，当然各式佐料是少不了的，剁
辣椒、干辣椒、白辣椒、尖椒、豆豉……这样做出来的菜肴岂能不美？
小炒一般要在开饭前做，大约十分钟左右完成并上桌，讲究的是一个"快"字，
热腾腾地端上来，闻着香，吃着更香。

 双椒炒茭白

烹饪时间：5分钟

原料：
茭白150克，青椒、红椒、水发木耳
各50克，姜片、葱段、蒜末各少许

调料：
盐、鸡粉、白糖各3克，豆瓣酱30
克，陈醋、水淀粉各5毫升，生抽、
食用油各适量

美味秘诀

◎茭白不宜炒太久，否则会失去其脆嫩的
口感。

◎食材切得粗细均匀，能使菜肴更美味。

做法：

1.洗净的茭白切成条；洗净的红椒切开，去
籽，切成丝；青椒切开，去籽，改切成丝；
木耳切成丝。

2.热锅注油烧热，倒入豆瓣酱、姜片、蒜
末，爆香。

3.倒入茭白、木耳、青椒、红椒，炒匀，加
入生抽，注入20毫升的清水。

4.加入盐、鸡粉、白糖、陈醋，炒匀调味，
倒入水淀粉勾芡，再撒上葱段，翻炒片刻至
入味。

5.关火后将炒好的菜肴盛出，装入盘中即可
食用。

外披绿色叶鞘、内裹黄白里衣的"美人腿"——茭白,与色彩艳丽的青椒和红椒搭配起来,在锅中碰撞出酸酸甜甜的味道,在碗里融合成你侬我侬的可口菜肴。

辣炒刀豆

烹饪时间：2分钟

恰如“白毛浮绿水，红掌拨清波”之景致，红、绿、白三色交织出一道诱人的美味佳肴。

原料：

刀豆100克，红椒40克，蒜末少许

调料：

盐、鸡粉各2克，水淀粉、食用油各适量

做法：

1.将洗净的刀豆斜刀切菱形片；洗好的红椒斜刀切段。

2.用油起锅，撒上蒜末，爆香；倒入红椒段，放入切好的刀豆，快速翻炒均匀。

3.注入少许清水，翻炒均匀；转小火，加入少许盐，再放入适量鸡粉，炒匀调味。

4.倒入适量的水淀粉勾芡，炒至食材入味，关火后盛出炒好的菜肴，装在盘中即可。

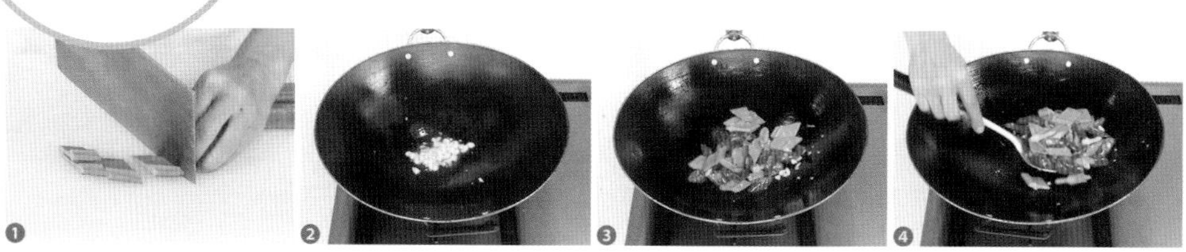
1
2
3
4

清辣中带点甘香，豆米儿的香气随着辣味一并张扬，成为一抹点亮明媚春日的美好的记忆。

剁椒蚕豆米

烹饪时间：4分钟

原料：

蚕豆130克，剁椒45克，蒜末、葱段各少许，鸡蛋液90克

调料：

盐、鸡粉各2克，食用油适量

做法：

1. 锅中注入适量清水，用大火烧开，倒入洗净的蚕豆，焯片刻至断生，捞出焯好的蚕豆，沥干水分。

2. 将已经焯好的蚕豆剥去外皮，装入碗中，待用。

3. 用油起锅，倒入蛋液，煎至成形后炒散，盛入盘中。

4. 另起锅注油，倒入蒜末、葱段，爆香。

5. 倒入剁椒、蚕豆、鸡蛋皮，炒匀，撒上盐、鸡粉，炒匀入味。

6. 关火后将炒好的菜肴盛出，装入备好的盘中即可。

椒盐脆皮香椿

烹饪时间：3分钟

酥香金脆的香椿，给人味觉与视觉的双重刺激，总是能瞬间击中吃货的心脏，让人欲罢不能！

原料：
香椿200克，鸡蛋1个，味椒盐15克，面粉100克，玉米淀粉70克
调料：
食用油适量

做法：

1.洗净的香椿切两段；沸水锅中倒入香椿，焯烫一会儿至断生，捞出，沥干水分，装盘待用。

2.鸡蛋打散，倒入焯烫好的香椿中，拌匀，再加入面粉和玉米淀粉，拌匀。

3.锅置火上，倒入足量的油，烧至六成热，放入香椿，油炸约2分钟至金黄色。

4.关火后捞出炸好的香椿，沥干油分，装入盘中，取一个小碟子，装好味椒盐，食用时蘸取即可。

❶ ❷ ❸ ❹

肉末苦瓜条

烹饪时间：3分钟

原料：

苦瓜200克，红椒15克，肉末90克，姜片、蒜末、葱段各少许

调料：

盐、鸡粉各2克，食粉、料酒、生抽、水淀粉、食用油各适量

做法：

1.将洗净的苦瓜对半切开，去籽，切成段；洗好的红椒切成圈，装入盘中，待用。

2.锅中注入适量水，用大火烧开，放入食粉，倒入苦瓜，煮2分钟至其断生，捞出待用。

3.用油起锅，倒入肉末，翻炒至转色，放入姜片、蒜末、葱段，炒香。

4.倒入适量生抽、料酒，拌匀，放入苦瓜、红椒，翻炒匀。

5.加入盐、鸡粉，炒匀调味，倒入适量水淀粉勾芡。

6.将炒好的食材盛出，装入盘中即可食用。

苦瓜清新脆嫩的口感很好地中和了肉末的油腻厚重口感，而且荤素巧妙搭配，有滋又有味。

口味腊猪舌

烹饪时间：5分钟

原料：

腊猪舌200克，蒜苗65克，青椒60克，红椒50克，朝天椒20克，姜片、葱碎各少许

调料：

料酒、生抽各4毫升，蚝油3克，盐、鸡粉、食用油各适量

美味秘诀 ▨▨▨▨▨

◎腊猪舌不宜切得太厚，以免不入味，影响口感。

◎汆好腊猪舌后还可以放入温开水中清洗一下，以去除多余的盐分。

做法：

1. 洗净的青椒切滚刀块；洗好的红椒切滚刀块；处理干净的朝天椒切成小块，装入盘中，备用。

2. 择洗好的蒜苗斜刀切段，待用。

3. 锅中注入清水烧开，倒入腊猪舌，汆煮片刻，去除多余盐分。

4. 捞出汆好的腊猪舌，沥干水分，待用。

5. 用油起锅，倒入葱碎、姜片、爆香。

6. 倒入朝天椒、红椒、青椒，加入腊猪舌，翻炒出香味。

7. 淋上适量料酒、生抽，翻炒匀，注入少许清水。

8. 加入盐、鸡粉、蚝油，倒入蒜苗，快速炒匀调味，关火后将炒好的菜肴盛出，装入盘中即可。

还在为闷热的夏季食欲不佳而郁郁寡欢、闷闷不乐？挑动你的味蕾，改善心情，从口味腊猪舌开始。油亮咸香的腊猪舌，配上新鲜的青椒、红椒，不只好看，还好吃呢。

葱香猪耳朵

烹饪时间：3分钟

> 拿起筷子尝一口，脆嫩味香，不会太油腻，一口接一口，总让吃货有着无法停止的爱。

原料：

卤猪耳丝150克，葱段25克，红椒片、姜片、蒜末各少许

调料：

盐、鸡粉各2克，料酒、老抽各3毫升，生抽4毫升，食用油适量

做法：

1.锅中注入适量食用油，倒入卤猪耳丝，翻炒松散。

2.淋入适量料酒，炒香，放入生抽，炒匀，放入少许老抽，炒匀上色，倒入红椒片、姜片、蒜末，翻炒一会儿，至食材入味。

3.注入少许清水，炒至变软，撒上葱段，炒出香味。

4.加入适量盐、鸡粉，炒匀调味，关火后盛出炒好的菜肴，装入盘中即可食用。

❶ ❷ ❸ ❹

排骨鲜嫩多汁，香浓入味，配上口感细腻的白芝麻，是餐桌上广受小朋友们欢迎的食物。

芝麻辣味炒排骨

烹饪时间：17分钟

原料：

白芝麻8克，猪排骨500克，干辣椒、葱花、蒜末各少许

调料：

生粉20克，豆瓣酱15克，盐、鸡粉各3克，料酒15毫升，辣椒油4毫升，食用油适量

做法：

1.将洗净的猪排骨装入碗中，放入少许盐、鸡粉。

2.淋入料酒，放入豆瓣酱，抓匀，撒入适量生粉，抓匀，使排骨裹匀生粉。

3.热锅注油，烧至五成热，倒入排骨，炸至金黄色，捞出，沥干油，备用。

4.锅底留油，倒入蒜末、干辣椒、炸好的排骨，淋入料酒、辣椒油，炒匀。

5.撒入葱花，炒匀，放入白芝麻，快速翻炒片刻，炒出香味。

6.关火后盛出炒好的食材，装入备好的盘中即可。

小炒腊猪嘴

烹饪时间：2分钟

被时光锁住滋味的腊猪嘴，经烹调翻炒，咸香辣味充分释放，只要尝上一口，就能满嘴留香。

原料：
腊猪嘴200克，青椒70克，蒜薹50克，红椒60克，朝天椒20克，葱碎、姜片各少许

调料：
料酒5毫升，生抽4毫升，蚝油3克，五香粉、鸡粉、白糖各2克，盐、食用油各适量

做法：

1.择洗好的蒜薹切段；洗净去柄的青椒、红椒切成圈；处理干净的朝天椒切块。

2.锅中注入适量清水烧开，倒入腊猪嘴，氽去多余盐分，捞出，沥干水分，待用。

3.用油起锅，倒入姜片、葱碎、朝天椒，爆香。

4.放入蒜薹、红椒、青椒、腊猪嘴，炒出香味。

5.淋上料酒、生抽，倒入蚝油、五香粉、清水，炒匀。

6.加盐、鸡粉、白糖调味，关火，盛入盘中即可。

尖椒可为猪小肚去除腥味，猪小肚又丰富了尖椒的口感，两种食材互补，既美味又健康。

尖椒炒猪小肚

烹饪时间：12分钟

原料：

卤猪小肚200克，青椒65克，红椒40克，姜片、蒜末、葱段各少许

调料：

盐、鸡粉各2克，料酒、生抽各8毫升，豆瓣酱10克，水淀粉6毫升，食用油适量

做法：

1. 洗净的青椒切开，去籽，再切成小块；洗好的红椒切开，去籽，改切成小块。

2. 卤猪小肚对半切开，再切成小块。

3. 锅中注水烧开，放入食用油，倒入青椒、红椒，煮半分钟至其断生。

4. 捞出焯煮好的青椒和红椒，沥干，待用。

5. 锅中注油烧热，放入姜片、蒜末、葱段，爆香。

6. 倒入卤猪小肚，淋入料酒，倒入焯好的青椒、红椒，炒匀。

7. 加生抽、豆瓣酱、盐、鸡粉，炒匀调味。

8. 倒入适量水淀粉，快速翻炒均匀，关火后盛出即可。

肉末尖椒烩猪血

🍲 烹饪时间：6分钟

原料：
猪血300克，青椒30克，红椒25克，
肉末100克，姜片、葱花各少许

调料：
盐2克，鸡粉3克，白糖4克，生抽、
陈醋、水淀粉、胡椒粉、食用油各适量

美味秘诀 ▰▰▰▰▰▰▰▰▰▰

◎制作本品时，可在煸炒肉末的时候加
入几滴醋，这样可以滑散肉末，使肉末
不抱团，翻炒时更易入味，成品的口感
会更好。

做法：

1.洗净的红椒切成圈状，洗好的青椒切块，
处理好的猪血切成粗条。

2.锅中注入适量清水烧开，倒入猪血，加入
少许盐，汆煮一会儿。

3.将汆煮好的猪血捞出，沥干水分，装入碗
中，备用。

4.用油起锅，倒入备好的肉末，炒一会儿，
直至肉末转色。

5.加入姜片，倒入少许清水，放入切好的青
椒、红椒，倒入汆煮好的猪血。

6.加入盐、生抽、陈醋、鸡粉、白糖，拌
匀，炖约3分钟至熟。

7.撒上胡椒粉，拌匀，炖约1分钟至食材入
味，倒入水淀粉，拌匀。

8.关火，将炖好的菜肴盛出装入盘中，撒上
葱花即可。

猪血鲜嫩柔滑，肉末味香浓郁，青椒清新爽口，经由大锅一烩，遂成口感丰富层次鲜明的一道菜肴，别有一番风味。餐桌上有了这样一道菜，就能多吃几碗饭。

萝卜干炒腊肠

烹饪时间：5分钟

任时光荏苒，腊肠与萝卜脱去水分，吸收了一缕阳光，加上柴米油盐，成为别具风味的小炒菜。

原料：

萝卜干70克，腊肠180克，蒜薹30克，葱花少许

调料：

盐2克，豆瓣酱、料酒、鸡粉、食用油各适量

做法：

1.洗净的蒜薹切成段；洗好的萝卜肝切小段。

2.腊肠用斜刀切成片。

3.锅中注入清水烧热，倒入切好的蒜薹、萝卜干，搅匀，煮约半分钟，至食材断生。

4.捞出煮好的食材，沥干待用。

5.用油起锅，倒入腊肠，炒至出油，放入蒜薹、萝卜干，炒匀。

6.加入适量豆瓣酱、料酒，炒匀炒香，放入少许鸡粉、盐，快速翻炒至食材入味。

7.关火后盛出炒好的食材，撒上葱花即可。

开胃的小笋搭配上鲜嫩爽口的牛肉，酸爽美味，用来下饭也不错，而且还是减肥佳品呢！

小笋炒牛肉

烹饪时间：3分钟

原料：

竹笋90克，牛肉120克，青椒、红椒各25克，姜片、蒜末、葱段各少许

调料：

盐3克，鸡粉2克，生抽6毫升，食粉、料酒、水淀粉、食用油各适量

做法：

1.洗净的竹笋切片；洗好的红椒、青椒去籽，切块；洗好的牛肉切片装碗，加入少许食粉、生抽、盐、鸡粉、水淀粉、食用油，腌渍入味。

2.开水锅中放入竹笋片，加食用油、盐、鸡粉，搅匀，煮半分钟，倒入青椒、红椒，续煮半分钟，捞出食材。

3.用油起锅，放入姜片、蒜末、葱段，爆香；倒入牛肉片，炒匀，淋入料酒，炒香，倒入焯好的竹笋、青椒、红椒，拌炒匀。

4.加入适量生抽、盐、鸡粉，炒匀调味，倒入适量水淀粉，翻炒至全部食材熟透、入味，关火后盛出炒好的菜肴即可。

鸡爪，深受许多人的喜爱，这一款，是开动了就停不下来的口味美食，自制，可以让美食更健康哦。

小炒鸡爪

烹饪时间：3分钟

原料：
鸡爪200克，蒜苗90克，青椒70克，红椒50克，姜片、葱段各少许

调料：
料酒16毫升，豆瓣酱15克，辣椒油、水淀粉、生抽各5毫升，老抽3毫升，鸡粉2克，盐、食用油各适量

做法：

1.洗净的青椒、蒜苗分别切段；洗好的红椒切条，再切成小块；将处理干净的鸡爪切成小块。

2.锅中注水烧开，倒入鸡爪，淋入料酒，拌匀，煮沸，汆去血水，捞出，沥干待用。

3.用油起锅，放入姜片、葱段，爆香；倒入汆过水的鸡爪，略炒片刻。

4.淋入料酒，加入豆瓣酱、生抽、老抽，炒匀调味，加入少许清水，淋入辣椒油。

5.盖上盖，用小火焖3分钟，至食材入味。

6.揭盖，放入鸡粉、盐，翻炒匀，倒入青椒、红椒，加入蒜苗，继续翻炒几下。

7.淋入水淀粉勾芡，关火后盛出即可。

尖椒炒羊肚

🍲 烹饪时间：9分钟

原料：

羊肚500克，青椒20克，红椒10克，胡萝卜50克，姜片、葱段、八角、桂皮各少许

调料：

盐2克，鸡粉3克，胡椒粉、水淀粉、料酒、食用油各适量

做法：

1.洗净去皮的胡萝卜切丝；洗好的红椒、青椒分别切开，去籽，再切丝。

2.锅中注水烧开，倒入洗好的羊肚，淋入料酒，略煮一会儿，捞出待用。

3.另起锅，注水，放入羊肚，加入葱段、八角、桂皮，淋入料酒，略煮一会儿，去除异味。

4.捞出羊肚，装入盘中，放凉后切成丝，待用。

5.用油起锅，放入姜片、葱段、爆香；倒入切好的胡萝卜、青椒、红椒，炒匀。

6.放入羊肚，加入料酒、盐、鸡粉、胡椒粉、水淀粉，炒匀调味，关火，盛出即可。

红绿相间的尖椒与爽脆鲜美的羊肚搭配，尖椒的香味融入羊肚去腥又开胃，色泽也特别诱人。

双椒炒鸡脆骨

烹饪时间：3分钟

鸡脆骨加一丝辣味，紧随而至的香脆则独出心裁，携着你的味蕾共舞一曲恰恰，让你欲罢不能。

原料：

鸡脆骨200克，青椒30克，红椒15克，姜片、蒜末、葱段各少许

调料：

料酒、水淀粉各4毫升，盐、鸡粉各2克，生抽3毫升，豆瓣酱7克，食用油适量

做法：

1.洗净的青椒、红椒切开，去籽，切小块；锅中注水烧开，加入料酒、盐，倒入鸡脆骨，拌匀，余去血水，捞出，沥干待用。

2.用油起锅，倒入姜片、蒜末，爆香；倒入余过水的鸡脆骨，淋入少许料酒，炒匀调味。

3.加入生抽、豆瓣酱，炒出香味，倒入切好的青椒、红椒，炒至变软。

4.注入少许清水，加入适量盐、鸡粉、水淀粉，炒匀调味，撒上备好的葱段，炒出香味，关火后盛出炒好的菜肴即可。

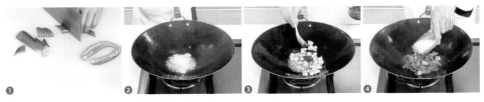

❶ ❷ ❸ ❹

经过炸制后的鸡翅色泽金黄、外焦里嫩，炒制时再放入干辣椒、生抽，便有了酸辣甜美的口感。

香辣鸡翅

烹饪时间：20分钟

原料：
鸡翅270克，干辣椒15克，蒜末、葱花各少许

调料：
盐3克，生抽3毫升，白糖、料酒、辣椒油、辣椒面、食用油各适量

做法：

1.洗净的鸡翅装入碗中，加少许盐、生抽、白糖、料酒，拌匀，腌渍15分钟。

2.热锅注入适量食用油，烧至四五成热，放入鸡翅，拌匀，炸至其呈金黄色，捞出，沥干油，待用。

3.锅底留油烧热，倒入蒜末、干辣椒，爆香；放入炸好的鸡翅，淋入料酒，炒香。

4.加入适量生抽，倒入辣椒面，炒香，淋入少许辣椒油，加入少许盐，撒上葱花，炒出葱香味。

5.关火后将炒好的鸡翅盛出，装入盘中即可食用。

绿的、红的辣椒，黑的豆豉，不仅增添了色彩，还增加了辣、鲜味，看第一眼就已经胃口大开了。

香辣鸡脆骨

烹饪时间：5分钟

原料：
鸡脆骨300克，青椒80克，红椒15克，豆豉10克，葱花7克，姜片5克，蒜片7克

调料：
盐、鸡粉各3克，生抽3毫升，料酒、食用油各适量

做法：

1. 洗净的青椒切成圈，洗净的红椒切成圈，待用。

2. 热锅注油烧热，放入蒜片、葱花、姜片、豆豉，炒香。

3. 放入备好的鸡脆骨，快速翻炒片刻。

4. 淋入料酒，炒香提鲜，再加入生抽，翻炒均匀。

5. 倒入青椒、红椒，翻炒均匀。

6. 加入盐、鸡粉，翻炒调味，关火后将炒好的菜肴盛出，装入盘中即可。

香辣蛇段

🍲 烹饪时间：65分钟

原料：

蛇肉200克，青椒、红椒各1个，八角、桂皮、香叶、干辣椒、花椒、姜片、蒜末、葱段各少许

调料：

盐、鸡粉各3克，料酒2毫升，生粉、生抽、辣椒油、食用油各适量

做法：

1.将洗净的红椒、青椒切开，去籽，再切小块。

2.锅中注水烧开，放入八角、桂皮、香叶，加入料酒、盐、鸡粉，放入处理好的蛇肉，盖上盖，烧开后，用小火煮1小时，捞出蛇肉。

3.将蛇肉装入碗中，放入生抽、生粉，拌匀；热锅注油，烧至五成热，放入蛇肉，炸至金黄色，捞出待用。

4.用油起锅，放入葱段、姜片、蒜末、干辣椒、花椒、爆香；倒入炸好的蛇肉，炒匀，放入辣椒油、盐、鸡粉、生抽，炒匀，放入青椒、红椒，炒匀，盛出炒好的菜肴，装盘即可。

来自山野间的野味，去掉一切危险的武装，剩下鲜嫩的骨肉，烹于香辣之中，满足你的味蕾享受。

❶

❷

❸

❹

双椒炒腊鸭腿

 烹饪时间：3分钟

原料：
腊鸭腿块360克，青椒、红椒各35克，香菜段15克，朝天椒粒20克，蒜苗25克，蒜片、姜片各少许

调料：
盐、鸡粉各2克，白酒10毫升，生抽3毫升，食用油适量

美味秘诀 |||||||||||||||||||||||||||||

◎炒制时，加入适量白酒，可以使腊鸭肉的香味更加浓郁，富有层次。

◎可选择搭配萝卜干吸收腊鸭腿多余的油脂，会使菜肴口感更美味。

做法：

1. 将洗净的青椒切成圈。
2. 洗净的红椒切成圈。
3. 锅中注入适量清水烧开，放入腊鸭腿，汆去多余盐分。
4. 捞出汆好的腊鸭腿，沥干水分，待用。
5. 锅中注入适量食用油烧热，放入姜片、蒜片，爆香。
6. 倒入汆好的腊鸭腿，加入朝天椒粒，放入白酒，略炒。
7. 加入生抽，放入适量清水，倒入青椒、红椒，放入盐、鸡粉，炒匀。
8. 倒入蒜苗，加入香菜段，炒匀，将炒好的菜肴盛出装盘即可。

腊鸭腿鲜咸相间，青红椒配色亮丽，既有口福又有眼福的菜，在口腔里碰撞，味道出其不意的赞。这道菜除了让湖南人蠢蠢欲动外，身为外乡人的你，心动了吗？

笋干焖腊鸭

烹饪时间：8分钟

原料：
腊鸭肉360克，水发笋干230克，香菜段15克，水发木耳60克，姜片少许

调料：
盐、鸡粉各2克，生抽3毫升，料酒4毫升，食用油适量

做法：

1. 将水发过的笋干切成条，再改切成块，装入盘中，待用。

2. 用油起锅，放入姜片，爆香。

3. 倒入切好的腊鸭肉，翻炒一会儿，至腊鸭肉散出香味。

4. 加入切好的笋干，炒匀。

5. 放入适量的生抽、料酒，再加适量清水，炒匀。

6. 放入处理好的木耳，翻炒均匀，加入适量盐调味。

7. 盖上盖子，用中火焖5分钟。

8. 揭开锅盖，放入鸡粉，再加入备好的香菜，炒匀，关火后将菜肴盛出，装入盘中即可食用。

美味秘诀

◎笋干要用清水洗净，放入温水中浸泡发好后，再用于炒制。

◎香菜入锅不宜炒太久，以保留香菜翠绿的色泽和香味。

晒得油亮的腊鸭，配上风干的竹笋，炒制成一盘地道的湘西菜肴。笋干吸走了腊鸭中多余的油气，笋干的香味又与腊鸭的香味相融合，绝对是美味的下饭菜。

腊鸭经过好几个月的风干熏制，色泽亮丽、滋味饱满，浓浓的腊味迎面而来；再加入剁椒的辣味、蒜苗的香味，就算是没食欲的人，也会为这道菜而食欲大开！

香炒腊鸭

烹饪时间：28分钟

原料：

腊鸭块360克，蒜苗段40克，剁椒30克，姜片少许

调料：

鸡粉2克，食用油适量

做法：

1.将备好的腊鸭块装入碗中，加入适量清水，待用。

2.将装好的腊鸭块放入烧开的蒸锅中，盖上盖子，用大火蒸20分钟。

3.揭盖，待蒸汽散开，把蒸好的腊鸭块取出，待用。

4.用油起锅，放入姜片，爆香。

5.加入剁椒，炒匀。

6.淋入生抽，放入腊鸭块，炒匀。

7.加上锅盖，用中火焖5分钟，至食材熟软。

8.揭开锅盖，放入鸡粉、蒜苗段，炒匀后盛出即可。

美味秘诀

◎腊鸭的肉质比较硬，蒸制的时间宜长一些。

◎腊鸭肉和剁椒均含有较多的盐分，因此炒制时可以不用再加盐调味。

炒鳝鱼

🍲 烹饪时间：2分钟

原料：

鳝鱼100克，洋葱40克，干辣椒20克，青椒40克，蒜末、姜片各少许

调料：

盐、鸡粉各2克，料酒5毫升，生抽4毫升，水淀粉、食用油各适量

做法：

1.处理好的洋葱切成小块；洗净的青椒去籽，切成小块。

2.锅中注入适量清水，用大火烧开，倒入处理好的鳝鱼，余去血水。

3.将余好的鳝鱼捞出，沥干水分，装入盘中，待用。

4.热锅注油烧热，倒入姜片、蒜末、干辣椒，爆香；放入洋葱、青椒、鳝鱼，快速翻炒匀。

5.淋入料酒、生抽，翻炒提鲜，注入适量清水，炒匀，加入盐、鸡粉，翻炒调味。

6.倒入适量的水淀粉，翻炒收汁，关火后将炒好的鳝鱼盛出，装入盘中即可食用。

火焙鱼是湖南的特产，独特的香味令人寻味，用上几条跟黄芽白一起焖了试试？可不要太贪吃哦！

火焙鱼焖黄芽白

烹饪时间：5分钟

原料：
火焙鱼100克，大白菜400克，红椒1个，姜片、葱段、蒜末各少许

调料：
盐、鸡粉各3克，料酒、生抽各少许，水淀粉、食用油各适量

做法：

1. 将洗净的红椒去籽，切块；洗好的大白菜去菜心，再切小块。

2. 锅中注水烧开，放入盐、食用油、大白菜，煮半分钟，捞出待用。

3. 热锅注油，烧至四五成热，放入火焙鱼，略炸一会儿，捞出待用。

4. 锅留底油，放入姜片、葱段、蒜末、红椒，炒香。

5. 放入火焙鱼，淋入料酒、生抽，炒匀。

6. 倒入大白菜，加入适量清水，炒匀，放入盐、鸡粉，拌匀。

7. 焖煮1分钟，放入水淀粉，翻炒匀，关火后盛出锅中的食材，装入盘中即可。

香辣酱炒花蟹

烹饪时间：9分钟

原料：
花蟹2只，葱段、姜片、蒜末、香菜段各少许

调料：
盐2克，白糖3克，豆瓣酱15克，料酒、食用油各适量

"一盘蟹，顶桌菜"，可见蟹为饭桌上的珍味。湖南人做的蟹香、辣，让人吃了顿感畅快淋漓。

做法：

1. 洗净的花蟹由后背剪开，去除内脏，再对半切开，最后将蟹爪切碎，待用。

2. 用油起锅，倒入豆瓣酱，炒香，放入姜片、蒜末，炒匀。

3. 淋入料酒，注入适量清水，倒入花蟹，加入白糖、盐，拌匀。

4. 盖上锅盖，用中火焖约5分钟至食材熟透。

5. 揭盖，放入葱段、香菜段，大火翻炒片刻至断生。

6. 关火后将炒好的菜肴盛出，装入盘中即可。

有一种绝配的经典味道菜叫虾米韭菜炒香干，脆嫩、鲜香，身在湖湘大地，转角就能遇上它。

虾米韭菜炒香干

🍲 烹饪时间：3分钟

原料：

韭菜130克，香干100克，彩椒40克，虾米20克，白芝麻10克，豆豉、蒜末各少许

调料：

盐、鸡粉各2克，料酒10毫升，生抽3毫升，水淀粉4毫升

① ② ③ ④

做法：

1.香干切成条；洗好的彩椒切开，去籽，切成条；择洗干净的韭菜切成段，待用。

2.热锅注油，烧至三成热，倒入香干，翻匀，炸出香味，把炸好的香干捞出，沥干油，备用。

3.锅底留油，放入蒜末，倒入虾米、豆豉，炒香，放入切好的彩椒，淋入料酒，翻炒均匀。

4.倒入韭菜，放入香干，加入盐、鸡粉、生抽，炒匀调味，倒入水淀粉，快速翻炒均匀，盛出炒好的菜肴，装入盘中，撒上白芝麻即可。

蒸菜的江湖

湖南的美食就像一个江湖，门派厮杀，高手云集。在这个江湖里，能站稳脚跟的绝非泛泛之辈，没有一点儿独门秘技休想占得半分便宜。

而蒸菜，可算得其一。蒸菜在湖南菜中虽是小门小派，但它就是一个独行侠，不爱张扬，不喜在闹市招摇，却乐于混迹在陌街僻巷之间，不声不响地开拓疆土。

一招鲜，吃遍天。练好了"蒸"这一基本功，再加上辣椒这一九转大还丹的辅助，湖南蒸菜的功夫自然已臻化境，足以在江湖中傲视群雄了，不信看看"浏阳蒸菜"吧！

剁椒腐竹蒸娃娃菜

烹饪时间：15分钟

原料：
娃娃菜300克，水发腐竹80克，剁椒40克，蒜末、葱花各少许

调料：
白糖3克，生抽7毫升，食用油适量

美味秘诀
◎腐竹在蒸制前可先焯一下水，能使其口感更好。
◎娃娃菜切的比较厚，焯煮的时间要把握好，以免未熟透，影响口感。

做法：

1.洗好的娃娃菜切成条状；泡发洗好的腐竹切段。

2.锅中注水烧开，倒入娃娃菜，煮至断生，捞出沥干，码入盘内，放上腐竹。

3.热锅注油烧热，倒入蒜末、剁椒，爆香。

4.加入适量白糖，拌炒均匀，浇在娃娃菜上，待用。

5.蒸锅上火烧开，放入娃娃菜，盖上锅盖，大火蒸10分钟至入味。

6.揭开锅盖，将娃娃菜取出，撒上葱花，淋入生抽即可。

娃娃菜小巧可爱，味道更是脆嫩鲜美，加入鲜香开胃的剁椒，再配上金黄的腐竹一起蒸制，那热辣、鲜香回甜的滋味，红黄绿搭配的美丽色相，是炫耀厨艺的不二之选哦。

湘味蒸丝瓜

🍲 烹饪时间：15分钟

夏季胃口常不好，看着鲜红的辣椒、软滑的丝瓜、劲道的粉丝……地道湘味立刻让人食欲大增。

原料：
丝瓜350克，水发粉丝150克，剁椒50克，蒜末、姜末、葱花各适量

调料：
料酒5毫升，蚝油5克，鸡粉、白糖、食用油各适量

做法：

1.洗净去皮的丝瓜切成均等的段，摆在盘中，待用。

2.热锅注油烧热，倒入姜末、蒜末、爆香，放入剁椒，炒匀。

3.倒入料酒、鸡粉、白糖、蚝油，注入适量清水，炒匀，制成酱汁。

4.在丝瓜上摆上泡发好的粉丝，倒上酱汁，装入碗中，放入烧开的蒸锅中，盖上盖蒸10分钟后取出，撒上葱花即可。

❶

❷

❸

❹

香浓味噌蒸青茄

🍲 烹饪时间：22分钟

原料：

青茄子300克，剁椒2勺，蒜末、葱花、红椒丝各少许

调料：

白糖2克，味噌2勺，芝麻油5毫升，生抽适量

做法：

1.洗净的青茄子切小段，再对半切开，叠放在盘子中，待用。

2.取一碗，倒入适量蒜末、味噌、生抽，加入少许剁椒、芝麻油、白糖，搅拌均匀。

3.放入一半葱花，搅拌均匀，制成调味汁。

4.蒸锅中注入适量清水烧开，放上青茄子。

5.加盖，大火蒸20分钟至熟；揭盖，关火后取出蒸好的青茄子。

6.浇上调味汁，撒上红椒丝和剩余的葱花即可。

蒸茄子软嫩，特别适合小孩和老人食用。如果宴请客人，不仅营养够，味道足，外观也十分诱人。

梅干菜腐竹蒸冬瓜

烹饪时间：15分钟

蒸出来的冬瓜特别鲜甜，也很容易吸收味道。梅干菜味道浓，与清爽的冬瓜一起蒸制，恰到好处。

原料：

去皮冬瓜260克，水发腐竹80克，水发梅干菜60克，姜末、蒜末各8克，剁椒12克，葱花5克

调料：

盐3克，白糖5克，食用油适量

做法：

1.泡发好的腐竹切成等长的段；去皮冬瓜切成薄片；泡发好的梅干菜切碎，待用。

2.热锅注油烧热，倒入姜末，爆香；倒入梅干菜，加入白糖、盐，将梅干菜炒去水分，盛入碗中。

3.取一盘，放上腐竹，再放上冬瓜，并让冬瓜一片叠一片围成圈摆放，将梅干菜盖在上面，放上剁椒，待用。

4.电蒸锅注水烧开，放入食材，加盖，蒸10分钟；揭盖，将食材取出。

5.取一碗，倒入盐、白糖以及蒜末，充分拌匀，制成调味酱。

6.往蒸好的食材上淋上调味酱，撒上葱花即可。

梅干菜作为湖湘人自腌自制的常备菜，也是经常用来馈赠亲友的传统特产，用来蒸豆腐别具风格哦！

梅干菜蒸豆腐

烹饪时间：12分钟

原料：
豆腐200克，梅干菜50克，红椒丁10克，姜丝8克，葱花3克，豆豉4克

调料：
蒸鱼豉油10毫升，食用油适量

做法：

1.洗净的豆腐切粗条，洗好的梅干菜切碎，豆豉切碎。

2.用油起锅，放入姜丝，爆香；倒入切碎的豆豉，翻炒均匀。

3.放入切碎的梅干菜，翻炒约1分钟，至香味飘出；将炒好的梅干菜铺在豆腐上，撒上红椒丁。

4.取出已烧开水的电蒸锅，放入食材，盖上盖，调好时间旋钮，蒸10分钟至熟。

5.揭开锅盖，取出蒸好的梅干菜和豆腐，淋入蒸鱼豉油，撒上葱花，待稍微冷却后即可食用。

米粉蒸肉

烹饪时间：21分钟

原料：

五花肉200克，蒸肉米粉70克，鸡蛋液60克，葱花少许

调料：

老抽3毫升，生抽5毫升，盐、鸡粉、五香粉各2克

美味秘诀 ||||||||||||||||||||||||||||||||||||

◎蒸肉时可在盘子底垫上些菜叶，以减少油腻感。

◎五花肉切片时要厚薄均等，这样更易入味。

做法：

1.将处理好的五花肉去皮，再切成片，装入备好的碗中。

2.加入盐、鸡粉，淋入生抽，搅拌均匀。

3.倒入适量老抽，撒上五香粉，搅拌均匀。

4.倒入鸡蛋液，拌匀，加入蒸肉米粉，搅拌均匀。

5.取一个盘，将拌匀的五花肉整齐地摆放好，待用。

6.电蒸锅注水烧开，放入五花肉。

7.盖上盖，调转旋钮定时蒸20分钟。

8.揭开锅盖，将蒸好的菜肴取出，撒上葱花即可。

粉蒸肉，是记忆中的小时
候妈妈经常做的一道菜，
尽管味道再家常不过，在
我心中却胜过山珍海味、
美酒佳肴，那入口即化的
细密口感，让人久久不能
忘怀。

豉汁搭配的排骨最
是开胃,尤其是远离
家乡后,才知道那记
忆中的豉香,多么叫
人牵肠挂肚。

豉汁蒸排骨

烹饪时间:20分钟

原料:
排骨块500克,豆豉末20克,葱末、姜末、蒜末各少许

调料:
盐、鸡精、味精、白糖、生粉、老抽、料酒、生抽、柱侯酱、芝麻油、食用油各适量

做法:

1.将排骨块装入碗中,加入少许盐、白糖、味精、鸡精、料酒,腌渍入味。

2.锅中注入少许食用油烧热,倒入葱末、姜末、蒜末、豆豉末,炒出香味。

3.转小火,淋入老抽、生抽、适量清水,加盐、白糖、味精、柱侯酱,炒至入味。

4.淋入少许芝麻油,制成豉汁,撒在腌渍好的排骨中,拌匀入味。

5.向碗中撒上生粉,放入少许芝麻油,拌至入味,摆入蒸盘中。

6.将蒸盘放入蒸锅中,盖上盖子,用中火蒸约15分钟至食材熟透。

7.取出排骨,放入葱末,浇入热油即可。

豆瓣酱蒸排骨

烹饪时间：32分钟

原料：

排骨400克，淀粉25克，葱段、姜片、蒜片、香菜各少许

调料：

盐、鸡粉各2克，豆瓣酱40克，料酒、生抽各5毫升，蚝油5克，食用油适量

做法：

1.取一个大碗，倒入洗净的排骨。

2.放入适量的豆瓣酱，再加入切好的蒜片、姜片、葱段。

3.淋入适量料酒，再倒入生抽。

4.用筷子搅拌均匀。

5.加入少许盐、鸡粉、蚝油，用筷子快速搅拌均匀。

6.加入备好的淀粉，再倒入适量食用油，腌至入味。

7.蒸锅注水烧开，放上腌好的排骨，加盖，用大火蒸30分钟至熟。

8.揭开锅盖，取出蒸好的排骨，放上香菜点缀即可。

豆瓣酱可以说是百搭配料，用它做出来的排骨，鲜香浓郁，香气四溢，立刻勾起全家人的食欲！

柚子蒸南瓜腊肉

🍲 烹饪时间：23分钟

原料：

腊肉400克，去皮南瓜200克，柚子皮100克，生姜5克，葱、红甜椒各少许

美味秘诀 ▌▌▌▌▌▌▌▌▌▌▌▌▌▌▌▌▌▌▌▌▌▌

◎腊肉、剁椒都比较咸，因此可以不放调料。

◎南瓜不宜切得太厚，否则蒸制时间很长，且不易入味。

做法：

1.洗净的生姜切丝，洗好的红甜椒切丝。

2.将洗净的葱切丝，待用。

3.处理好的柚子皮横切去白色部分，再改切成丝。

4.将洗净去皮的南瓜切成块，再切成片。

5.将洗净的腊肉切成片，装入洗净的盘中，待用。

6.取一个蒸盘，摆放好柚子皮、腊肉、南瓜，往盘中放入切好的姜丝、红椒丝、葱丝，待用。

7.蒸锅注水烧开，放上摆好的菜，盖上锅盖，大火蒸20分钟至食材熟软。

8.揭盖，关火后取出蒸好的菜肴，待凉后即可食用。

总是抵挡不住美味腊肉的诱惑，但又害怕吃得太肥腻，那就试一试用柚子皮来蒸吧！解决你的顾虑的同时，还可以蒸出心头所想的那份香醇，让人吃了不忍停筷！

湘西蒸腊肉

🍲 烹饪时间：42分钟

湘妹子辣，湘菜更辣。火辣的朝天椒遇见特色湖南腊肉，让舌尖也来场热辣的舞蹈吧！

原料：
腊肉300克，朝天椒、花椒、香菜各少许

调料：
料酒10毫升，食用油适量

做法：

1. 锅中注入适量清水，用大火烧开，放入腊肉，用小火煮10分钟，去除多余盐分，捞出待用。

2. 洗净的朝天椒切圈；洗好的香菜切末；腊肉切片，装入盘中，备用。

3. 用油起锅，放入花椒、朝天椒，翻炒出香味，制成香油，浇在腊肉片上。

4. 蒸锅上火烧开，放入腊肉，淋上料酒，盖上盖，用小火蒸30分钟后取出，撒上香菜末即可。

鳅鱼蒸腊肉

烹饪时间：12分钟

原料：
腊肉260克，泥鳅200克，豆豉10克，
干辣椒、姜片、葱段各少许

调料：
盐2克，料酒、生抽各3毫升，胡椒粉
少许，食用油适量

做法：

1.将处理好的腊肉切去皮，再切成
片，待用。

2.锅中注水烧开，放入泥鳅，氽至断
生，捞出沥干。

3.取一碗，放入腊肉，再放上泥鳅。

4.用油起锅，放入豆豉、干辣椒、姜
片、葱段，爆香。

5.淋入料酒、生抽，倒入适量清水，
放入盐、胡椒粉，制成汤汁。

6.将汤汁盛出，放在泥鳅上。

7.蒸锅注水烧开，放入腊肉和泥鳅。

8.盖上盖，大火蒸8分钟；揭盖，取
出蒸好的腊肉和泥鳅，倒扣在盘子里
即可。

在湖南，临近过年
时，大家都会着手熏
制腊味，那特有的烟
熏香气伴着年味，总
能勾起人的食欲。

鱼干蒸腊肉

🍲 烹饪时间：32分钟

原料：

小鱼干170克，腊肉260克，姜丝、葱花各少许

调料：

白糖2克，生抽、料酒各3毫升，胡椒粉少许，食用油适量

做法：

1. 将备好的腊肉去皮，切片，放入盘中，摆好。
2. 放上处理好的小鱼干，码好，再放上姜丝。
3. 取一个大碗，放入适量生抽、料酒，再加入白糖、胡椒粉、食用油，拌成酱汁。
4. 把酱汁浇在鱼干和腊肉上，放入烧开的蒸锅里。
5. 盖上锅盖，用大火蒸约30分钟，至食材熟透。
6. 揭开锅盖，待蒸汽散去，将已经蒸好的鱼干腊肉取出。
7. 撒上适量葱花，待稍稍放凉后即可食用。

离乡的湖南人最想念的食物除了辣椒，就是腊味了。肥而不腻的腊肉，特有的烟熏香气特别诱人。

小小的鸭舌,长不过寸,重不过两,可价格也不菲。其量小而味美,嚼起来富有韧性,别有一番风味。

香辣蒸鸭舌

🍲 烹饪时间:18分钟

原料:

鸭舌280克,胡萝卜75克,剁椒50克,葱花少许

调料:

盐、鸡粉各2克,蚝油3克,食用油适量

做法:

1.洗净去皮的胡萝卜切成片,切条,再切丁;锅中注水烧开,倒入鸭舌,汆去血水,捞出,沥干,摆入盘中,待用。

2.热锅注油烧热,倒入胡萝卜丁、剁椒,炒香,注入清水,加入鸡粉、盐、蚝油,炒至入味;将炒好的料盛出浇在鸭舌上,待用。

3.电蒸锅注水烧开,放入鸭舌,盖上锅盖,调转旋钮定时15分钟至蒸熟;掀开锅盖,待热气散去,将鸭舌取出,撒上葱花。

4.热锅注入少许食用油,烧至六成热,将热油浇在葱花上,逼出葱香即可食用。

豆豉是一种传统发酵食品，将其剁碎，用来搭配腊鱼的咸香，带给人极致的湖湘口味。

豆豉蒸腊鱼

烹饪时间：22分钟

原料：
腊鱼150克，豆豉5克，葱花3克，姜丝4克

调料：
食用油适量

做法：

1.将备好的腊鱼放入装有温水的碗中，去除多余盐分，取出，沥干水分，放入洗净的盘中，待用。

2.热锅中注油烧热，倒入豆豉，爆香；将豆豉油浇在腊鱼上，摆上姜丝。

3.电蒸锅中注入适量清水，用大火烧开上气，放入腊鱼，盖上锅盖，调转旋钮定时20分钟。

4.20分钟后掀开锅盖，将腊鱼取出，再撒上备好的葱花即可。

豉椒蒸鲳鱼

烹饪时间：13分钟

原料：

鲳鱼500克，豆豉20克，剁椒30克，姜末、蒜末、葱花各少许

调料：

白糖4克，鸡粉2克，生粉10克，盐、生抽、老抽、芝麻油、食用油各适量

做法：

1. 将处理干净的鲳鱼两面切上花刀；把豆豉剁碎。

2. 用油起锅，放入姜末、蒜末，爆香；倒入豆豉，炒出香味。

3. 放入备好的剁椒，加入白糖、生抽，炒香。

4. 加入盐，倒入老抽，拌匀上色。

5. 把炒好的味料盛入碗中，加入生粉、食用油、芝麻油、鸡粉，拌匀。

6. 把味料铺在鲳鱼上，放入烧开的蒸锅中。

7. 盖上盖，用大火蒸10分钟，至鲳鱼熟透。

8. 把蒸好的鲳鱼取出，撒上葱花，浇上少许热油即可。

新鲜的鲳鱼肉嫩，味道非常鲜美，清蒸、红烧、酱闷都可以。伴着豉椒的辣香，都是浓浓的湘味。

野山椒末蒸秋刀鱼

烹饪时间：10分钟

原料：

净秋刀鱼190克，泡小米椒45克，红椒圈15克，蒜末、葱花各少许

调料：

鸡粉2克，生粉12克，食用油适量

做法：

1.在处理好的秋刀鱼的两面都切上花刀，装盘待用。

2.将泡小米椒切碎，再剁成末。

3.将切好的泡小米椒装入碗中。

4.加入蒜末、鸡粉、生粉、食用油、拌匀，制成味汁。

5.取一个洗净的蒸盘，摆上秋刀鱼。

6.放入备好的味汁，铺匀，再撒上红椒圈，待用。

7.将秋刀鱼放入蒸锅中，盖上锅盖，煮熟。

8.揭开锅盖，将蒸熟的秋刀鱼取出，趁热撒上葱花，淋上少许热油即成。

美味秘诀 ||||||||||||||||||||||||||||||||

◎蒸出来的秋刀鱼最好趁热吃，否则会有腥味。

◎秋刀鱼用少许柠檬汁腌渍一下，可以减轻泡小米椒辛辣的味道。

"秋刀鱼的滋味,猫跟你,都想了解",周杰伦的歌总是让人回味无穷。这道用泡小米椒蒸出来的秋刀鱼,酸辣开胃,吃的不是菜,是对年少青春的回忆和想家的情怀。

风味蒸莲子

烹饪时间：42分钟

"低头弄莲子，莲子清如水。"古人赞美莲，而今尝试做一道色泽明亮的蒸莲子，又有怎样的意境呢？

原料：
水发莲子250克，桂花15克
调料：
白糖3克，水淀粉适量

做法：

1.备一个清洗干净的碗，倒入泡好的莲子。

2.加入白糖，放入桂花，充分拌匀，待用。

3.蒸锅中注入适量清水烧开，放入装好食材的碗。

4.加上盖，用大火蒸40分钟；揭盖，取出蒸好的莲子。

5.将碗倒扣在盘子上，倒出汁液，把碗揭开。

6.另起锅，倒入汁液，加入清水、白糖，拌至溶化。

7.加入水淀粉，拌匀至汁液呈稠状。

8.关火，盛出汁液，浇在蒸好的莲子上即可。

带鱼的鲜甜，游动的美味，配以咸香适口的梅干菜和腊肠同蒸，用来下饭绝对开胃又好吃。

梅菜腊味蒸带鱼

烹饪时间：12分钟

原料：

带鱼130克，水发梅干菜90克，红椒、青椒各35克，腊肠60克，蒜末少许

调料：

老干妈辣椒酱20克，料酒5毫升，生抽4毫升，盐2克，白糖4克，食用油适量

做法：

1. 洗净的红椒去籽，切粒；洗净的青椒去籽，切粒；腊肠切丁。

2. 把泡发好的梅干菜对半切开；处理好的带鱼身上切上一字花刀。

3. 取一个盘子，铺上梅干菜、带鱼；取一个碗，倒入腊肠、红椒、青椒、蒜末。

4. 放入老干妈辣椒酱、料酒、生抽、盐，加入白糖、食用油，搅拌均匀。

5. 将调好的酱汁浇在带鱼上。

6. 蒸锅上火烧开，放入带鱼。

7. 盖上盖，大火蒸10分钟；揭开盖，取出蒸好的带鱼即可。

豆豉、剁椒的清香味混合泥鳅的肉香，香、辣、滑、嫩，一筷子入口，让你就是停不下来。

豆豉剁椒蒸泥鳅

烹饪时间：12分钟

原料：

泥鳅250克，豆豉、朝天椒各20克，剁椒40克，姜末、葱花、蒜末各少许

调料：

盐、鸡粉各2克，料酒5毫升，食用油适量

做法：

1.热锅中注入适量食用油，烧至六成热，倒入处理好的泥鳅，炸至焦黄色，捞出，装入碗中。

2.在装有泥鳅的碗中放入豆豉、剁椒、姜末、蒜末、朝天椒，放入盐、鸡粉、料酒、食用油，拌匀。

3.将拌好的泥鳅倒入蒸盘中，待用。

4.蒸锅注水烧开，放入泥鳅，盖上锅盖，大火蒸10分钟至入味。

5.掀开锅盖，将泥鳅取出，再撒上备好的葱花即可。

香辣虾仁蒸南瓜

烹饪时间：12分钟

原料：

去皮南瓜300克，虾仁90克，子尖椒末5克，葱段、姜片、香菜各少许

调料：

鸡粉2克，白糖3克，蒜蓉辣酱15克，陈醋、辣椒油各5毫升，料酒、生抽、水淀粉、食用油各适量

做法：

1.洗净的南瓜切成厚片，摆盘；处理好的虾仁切成丁状。

2.蒸锅中注入清水烧开，放入南瓜，大火蒸开后转小火蒸至熟；关火后取出，倒出多余的汁水。

3.另起锅注油，倒入姜片、葱段，爆香；放入虾仁，炒匀。

4.倒入子尖椒末、蒜蓉辣酱，炒匀，加入料酒、生抽、适量清水。

5.倒入白糖、鸡粉、陈醋、水淀粉，翻炒均匀至入味，加入辣椒油，翻炒片刻至熟。

6.关火，将炒好的虾仁放在蒸好的南瓜上，用少许香菜做点缀即可。

虾仁味鲜而美，南瓜清香带甜，两者搭配，加上适量辣味，鲜、香、辣全随着蒸汽溢了出来。

123

卤味的诱惑

湖南人对家乡菜的偏好可能超过任何一个地方的人，除了湖南菜，其他的菜总觉得"呷（吃）不够味"。长久不吃湖南菜后，偶然是来一道淳朴的梅干菜卤肉，真是足够让人欢欣雀跃，让人满足啊！这便是"卤"味的诱惑。

湖南的卤味都是那样简单，虽然不能与山珍海味相媲美，但胜在价廉物美，能出入平常百姓家，人人都爱它、吃它，这样特殊的感情，可能是每个湖南人都有的吧。用他们的说法就是："好呷不贵，越呷越有味。"

辣卤酥鲢鱼

烹饪时间：32分钟

原料：
鲢鱼700克，麻辣卤水800毫升，香菜3克

调料：
盐2克，生粉30克，料酒5毫升，食用油适量

美味秘诀

◎鲢鱼清洗干净后，放入淡盐水中浸泡一会儿，可以去除其身上的土腥味。

◎鲢鱼裹上生粉后需腌渍10分钟左右，以达到去腥提鲜的效果。

做法：

1.将洗净的鲢鱼切段，鱼头对半切开，鱼尾切段。

2.将切好的鲢鱼装碗，加入料酒、盐，倒入生粉，拌至鲢鱼裹匀生粉。

3.锅中注油烧至六成热，放入鲢鱼，炸约6分钟至其表皮金黄。

4.捞出鲢鱼，沥干油分，装盘待用。

5.锅置火上烧热，倒入麻辣卤水，煮约2分钟，放入炸好的鲢鱼，搅匀。

6.加盖，用小火卤20分钟至入味；揭盖，将卤好的鲢鱼摆盘。

7.浇上适量卤汁，放上洗净的香菜即可。

鲢鱼肉质鲜嫩，将它炸成香脆鱼块后进行卤制，外脆里嫩，辣味浓郁，尽得湘菜鲜、香、嫩、辣的要义，热爱美食的朋友千万不要错过。

梅干菜的鲜香在吸入了五花肉的油脂后愈发地膨胀，而五花肉的肥腻遇上梅干菜之后乖乖地收敛了。

梅干菜卤肉

🍲 烹饪时间：53分钟

原料：

五花肉250克，梅干菜150克，八角2个，桂皮10克，卤汁15毫升，姜片、香菜各少许

调料：

盐、鸡粉各1克，生抽、老抽各5毫升，冰糖、食用油各适量

做法：

1.洗好的五花肉切块；梅干菜切段。

2.沸水锅中倒入五花肉，汆煮一会儿，捞出，沥干水分，待用。

3.热锅注油，倒入冰糖，拌至呈焦糖色。

4.注入适量清水，放入八角、桂皮，加入姜片，放入汆好的五花肉，加入老抽、卤汁、生抽、盐，拌匀。

5.加盖，用大火煮开后转小火卤30分钟；揭盖，倒入梅干菜，注入少许清水。

6.加盖，续卤20分钟至食材入味；揭盖，加入鸡粉。

7.将菜肴拌匀，关火后盛出菜肴，装盘，摆上香菜点缀即可。

孜然卤香排骨

🍲 烹饪时间：38分钟

原料：

排骨段400克，青椒片20克，红椒片25克，姜块30克，蒜末15克，香叶、桂皮、八角、香菜末各少许

调料：

盐2克，鸡粉3克，孜然粉4克，料酒、生抽、老抽、食用油各适量

做法：

1. 锅中注入适量清水烧开，倒入排骨段，汆煮片刻。

2. 关火后将汆煮好的排骨段捞出，沥干水分，装入盘中备用。

3. 用油起锅，放入香叶、桂皮、八角、姜块，炒匀。

4. 倒入排骨段，加入料酒、生抽，注入适量清水，加入老抽、盐，拌匀。

5. 加盖，大火烧开后转小火煮约35分钟至食材熟透。

6. 揭盖，倒入青椒片、红椒片，加入少许鸡粉、孜然粉、蒜末、香菜末，炒匀。

7. 关火后挑出香料及姜块，将炒好的菜肴装入盘中即可。

金灿灿的外皮包裹着鲜嫩酥软的内在，扑鼻而来的肉香挑逗着舌尖的每一颗味蕾，承载一肚子的幸福。

香辣卤猪耳

🍲 烹饪时间：80分钟

原料：
猪耳朵250克，香菜少许，草果2个，香叶2片，桂皮3克，干沙姜4克，八角3个，葱段、姜片各少许

调料：
生抽10毫升，老抽5毫升，盐、白糖各4克，豆瓣酱20克，食用油适量

美味秘诀 ||||||||||||||||||||||||||

◎猪耳朵先用小火烘一下，然后用小刀刮毛，这样比较容易刮干净。
◎猪耳朵可以提前氽煮片刻，这样可以缩短整道菜品的卤制时间。

做法：

1.锅中注入少许食用油，用大火烧热，倒入备好的葱段、姜片，爆香。

2.倒入备好的草果、香叶、干沙姜、八角，放入桂皮，加入豆瓣酱，用勺炒拌一会儿。

3.注入500毫升的清水，加入适量生抽、老抽，放入少许盐、白糖，搅拌均匀。

4.盖上锅盖，用大火煮开后转小火续煮约30分钟。

5.揭盖，倒入备好的猪耳朵，拌匀，盖上锅盖，转小火续煮40分钟。

6.揭开锅盖，捞出煮好的猪耳朵，放入盘中放凉。

7.把放凉的猪耳朵切片。

8.将切好的猪耳朵摆放在盘中，浇上适量的卤水，放上香菜即可。

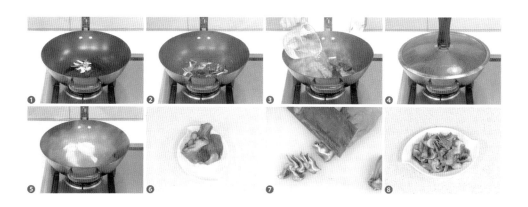

炎热的夏天带来挥之不去的燥意，此时来上一瓶冰镇的啤酒，再来一碟卤猪耳，吃得酣畅淋漓，满头大汗，让身上的暑气速速消散，再约上三两好友，酒杯相碰，在吃喝中，回忆岁月的匆匆。

就好吃凉菜

凉菜，它有一个更亲切的名字，叫做"开胃菜"。一道好的开胃小菜，就好比百花丛中的小蜜蜂，借由一个小小的"艳遇"，就能让你的味蕾苏醒，接下来似乎就是大快朵颐的时刻了。

每一道凉菜，吃的不仅仅是食物的本身，湖南特有的调味料才是其灵魂所在。辣椒油、芝麻油、酱油、豆豉、剁辣椒等调味的多或少，赋予了每一道凉菜不同的味道。不同的香、辣、酸、麻等味道在口腔中交织，再来上一瓶啤酒，那滋味简直赛过神仙。

炝拌手撕蒜薹

烹饪时间：2分钟

原料：
蒜薹300克，蒜末少许

调料：
老干妈辣椒酱50克，陈醋、芝麻油各5毫升，食用油适量

做法：

1. 锅中注入适量的清水，用大火烧开。

2. 倒入蒜薹，搅匀，焯煮至断生，捞出，沥干水分，待用。

3. 取一个碗，用手将蒜薹撕成细丝。

4. 倒入老干妈辣椒酱、蒜末，搅拌片刻。

5. 淋入适量食用油，倒入陈醋、芝麻油，搅拌片刻。

6. 取一个盘子，将拌好的蒜薹倒入即可。

美味秘诀 ||||||||||||||||||||||||||||||||

◎焯好的蒜薹可在凉水中浸泡一会儿，口感会更好。

◎凉拌的汁可以根据个人口味来进行调整，若不喜欢辣味可以不放辣椒酱。

这是一道快手方便的凉拌菜，蒜薹经过热水短暂的煮制，少了辛辣味，却依然保持着脆爽的口感。用原始手撕的方法，最大限度地保留了蒜薹的新鲜色泽和原汁原味。

酱笋条

🍲 烹饪时间：5分钟

原料：

去皮冬笋140克，葱花少许

调料：

白糖2克，豆瓣酱20克，米酒50毫升

做法：

1. 洗净的冬笋切厚片，再切小条。

2. 沸水锅中倒入切好的冬笋，焯煮3分钟至去除苦味。

3. 捞出焯好的冬笋，沥干水分，装碗待用。

4. 往米酒碗中加入适量豆瓣酱，放入少许白糖，拌匀成调味汁，再撒上少许葱花。

5. 将调味汁浇在焯好的冬笋上，拌匀，装入盘中即可。

爽脆可口的冬笋，遇到了温热醇厚的米酒，变得更加温润适口，这个冬天有它，美味入口，温暖入心。

整整齐齐的莴笋条青翠欲滴，如同早春里"碧玉妆成一树高"之景，初时不忍下筷，食之筷不能停。

凉拌莴笋条

烹饪时间：5分钟

原料：
莴笋170克，红椒20克，蒜末少许

调料：
盐3克，鸡粉2克，生抽3毫升，陈醋10毫升，芝麻油适量

做法：

1.将洗净去皮的莴笋切段，改切成条；洗好的红椒切粗丝，待用。

2.锅中注入适量清水，大火烧开，倒入切好的莴笋条，搅散，加入少许盐，搅匀，焯煮约2分钟至其断生，捞出，沥干水分。

3.将莴笋条装入碗中，撒上红椒丝，拌匀，倒入蒜末，拌匀。

4.放入陈醋、生抽，拌匀，放入芝麻油，加入盐、鸡粉，搅拌一会儿，至食材入味，将拌好的菜肴装盘，摆好盘即可。

❶ ❸ ❹

在炎热的夏天，气温每升高一度就让食欲下降一分，酸辣味的茄子应该是很好的开胃菜了吧。

捣茄子

烹饪时间：18分钟

原料：

茄子200克，青椒40克，红椒45克，蒜末、葱花各少许

调料：

生抽8毫升，番茄酱15克，陈醋5毫升，芝麻油2毫升，盐、食用油各适量

做法：

1.洗好的茄子去皮，切段，再切条；青椒、红椒切去蒂，待用。

2.热锅注油，烧至三四成热，放入青椒、红椒，搅拌片刻，炸至虎皮状，捞出，沥干油，待用。

3.蒸锅上火烧开，放入茄子，用大火蒸15分钟至其熟软，取出茄子，放凉待用。

4.将青椒和红椒装入碗中，用木臼棒将其捣碎，倒入茄子，再加入蒜末，继续捣碎。

5.加入少许生抽、盐、番茄酱、陈醋、芝麻油、葱花，用筷子快速搅拌，至食材入味。

6.将拌好的食材装入碗中即可。

薄荷拌豆腐

🍲 烹饪时间：3分钟

原料：
豆腐150克，薄荷叶30克，朝天椒15克，蒜末20克

调料：
盐、鸡粉各2克，生抽5毫升，芝麻油、红油各3毫升，花椒油2毫升

做法：
1. 取适量薄荷叶，切碎；朝天椒切成圈；剩余的薄荷叶铺入盘中，待用。
2. 将朝天椒、蒜末、薄荷叶切碎，装入碗中。
3. 加入盐、鸡粉、生抽、芝麻油、红油、花椒油，拌匀，制成味汁。
4. 锅中注入清水，大火烧开，倒入豆腐，焯煮至去除豆腥味，将豆腐捞出，沥干水分。
5. 将焯好的豆腐切成小块，摆入盘中，再将调好的味汁浇在豆腐上即可食用。

火红的朝天椒、青翠欲滴的薄荷叶错落有致地置于洁白如玉的豆腐上，清凉与嫩滑的口感合二为一。

香辣鸡丝豆腐

🍲 烹饪时间：1分钟

这是一道重口味的凉菜，甘甜嫩滑的豆腐邂逅香辣的鸡丝，就如平淡简单的生活变得激情似火一般。

原料：

熟鸡肉80克，豆腐200克，油炸花生米60克，朝天椒圈15克，葱花少许

调料：

陈醋、芝麻油、辣椒油、生抽各5毫升，白糖3克，盐少许

做法：

1.熟鸡肉手撕成丝；备好的熟花生米拍碎；洗净的豆腐切成块。

2.锅中注入清水，大火烧开，加入盐，搅匀，倒入豆腐，焯煮片刻去除豆腥味。

3.将豆腐捞出，沥干水分，摆入盘底呈花瓣状，堆上鸡丝。

4.取一个碗，倒入花生碎、朝天椒圈，加入生抽、白糖、陈醋、芝麻油、辣椒油，拌匀。

5.倒入备好的葱花，搅拌均匀制成酱汁，浇在鸡丝豆腐上即可。

皮蛋与鸡蛋强强联
手，美味水乳交融，
营养层层递进，场外
选手豆腐也来助阵，
让美味升级。

青黄皮蛋拌豆腐

烹饪时间：2分钟

原料：
内酯豆腐300克，皮蛋、熟鸡蛋各1个，青豆
15克，葱花少许

调料：
鸡粉2克，生抽6毫升，香醋2毫升

做法：

1.将内酯豆腐切开，再切成小块；熟鸡蛋去壳，切成小块；皮蛋去壳，切成小瓣，待用。

2.锅中注入适量清水烧开，倒入豆腐，略煮一会儿，捞出，沥干水分，备用。

3.锅中再倒入青豆，煮至熟透，捞出，沥干水分，待用。

4.取一个碟子，加入鸡粉、生抽、香醋，搅拌匀，制成味汁；在豆腐上放入皮蛋、鸡蛋、青豆，浇上调好的味汁，撒上葱花即可。

炖煮两相宜

炖煮属于简单的菜，但聪明的湖南人会改进自己的特色。比如莲藕炖排骨，因为有了洞庭湖特有的"湖藕"，味道更鲜甜；"新化三合汤"，不仅仅因为当地的特色做法，更因为湖南特有的山胡椒油，而更富风味……

简简单单的汤羹，湖南人就是能把它们做得好似人间美味，吃了还想吃，奇妙无穷。无论大街小巷，还是寻常百姓家，都寻得着它们沁人心脾的香味。

红烧肉炖粉条

🍲 烹饪时间：67分钟

原料：
水发粉条300克，五花肉550克，姜片、葱段、香菜各少许，八角1个

调料：
盐、鸡粉各1克，白糖2克，老抽3毫升，料酒、生抽各5毫升，食用油适量

美味秘诀 ▓▓▓▓▓▓▓▓▓▓▓▓

◎将五花肉冰冻一会儿再切，这样更容易操作。

◎生抽本身有鲜味，可以不放鸡粉。

做法：

1.洗净的五花肉切块；泡好的粉条从中间切成两段。

2.沸水锅中倒入五花肉，氽去血水及脏污，捞出待用。

3.热锅注油，倒入八角、姜片、葱段，爆香；放入五花肉，炒匀。

4.加入料酒、生抽，炒匀，注入适量清水。

5.加入老抽、盐、白糖，拌匀。

6.加盖，用小火炖1小时至熟软入味；揭盖，倒入粉条、鸡粉，拌匀。

7.加盖，续煮5分钟至熟软；揭盖，拌匀。

8.关火后盛出红烧肉粉条，装碗，放上香菜点缀即可。

红烧肉炖粉条，大抵是冬日里的另一种大杂烩，能炖制出一番别样的味道。粉条口感劲道、爽滑，而红烧肉色泽红亮透人，肥而不腻，入口酥软即化，每一口，都从舌尖暖到胃里。

白萝卜与红萝卜的搭配清甜可口，吸收牛肉多余的油脂与荤腥，整道菜都变得生动滋味起来。

萝卜炖牛肉

烹饪时间：47分钟

原料：
胡萝卜120克，白萝卜230克，牛肉270克，姜片少许

调料：
盐2克，老抽2毫升，生抽、水淀粉各6毫升

做法：

1. 将洗净去皮的白萝卜切块。
2. 洗好去皮的胡萝卜切块。
3. 洗好的牛肉切块。
4. 锅中注入适量清水，大火烧热，放入牛肉、姜片，拌匀。
5. 加入老抽、生抽、盐，拌匀，盖上盖，煮开后用中小火煮30分钟。
6. 揭盖，倒入白萝卜、胡萝卜。
7. 盖上盖，用中小火煮15分钟。
8. 揭盖，倒入适量水淀粉勾芡，关火后盛出即可。

胡萝卜香味炖牛腩

烹饪时间：75分钟

原料：

牛腩400克，胡萝卜100克，红椒45克，青椒1个，姜片、蒜末、葱段、香叶各少许

调料：

水淀粉、料酒各10毫升，豆瓣酱10克，生抽8毫升，食用油适量

做法：

1.洗净的胡萝卜切成块；汆煮过的牛腩切成块；洗好的青椒、红椒，去籽，切成块。

2.用油起锅，放入香叶、蒜末、姜片，炒香，倒入牛腩块，炒匀。

3.淋入料酒，加入豆瓣酱、生抽，炒匀，倒入适量清水。

4.盖上盖，用大火炖1小时；揭盖，放入胡萝卜块。

5.盖上盖，用大火焖10分钟；揭盖，放入青椒、红椒，炒匀。

6.倒入水淀粉勾芡，挑出香叶，关火后盛出炒好的菜肴，放上葱段即可。

胡萝卜是一种营养丰富的菜蔬，用它炖出的牛腩，入口即化，软糯如泥，咸淡皆可，谁会不爱呢？

胡萝卜板栗炖羊肉

烹饪时间：60分钟

谁言寸草心？报得三春晖。给父母煲一碗益气补肾、温中暖肝的胡萝卜板栗炖羊肉，胜过千言万语。

原料：

胡萝卜50克，板栗肉20克，羊肉块80克，香叶、八角、桂皮、葱段、大蒜籽、姜块各适量

调料：

盐3克，生抽6毫升，鸡粉2克，水淀粉4毫升，白酒10毫升，食用油适量

做法：

1. 洗净去皮的胡萝卜切滚刀块；板栗肉对半切开，待用。

2. 用油起锅，倒入葱段、姜块、大蒜籽，爆香；倒入羊肉块，炒至转色。

3. 倒入白酒，翻炒片刻去腥，放入八角、桂皮、香叶，翻炒出香味。

4. 注入适量清水，煮至微开，盖上锅盖，煮开后转中火煮35分钟。

5. 掀开锅盖，倒入切好的板栗肉、胡萝卜，放入盐、生抽，搅匀调味。

6. 盖上锅盖，续煮20分钟至入味；掀开锅盖，将里面的香料拣出，放入鸡粉、水淀粉，搅拌均匀。

7. 关火后将炖好的菜肴盛出，装入盘中即可。

黄骨鱼，湖南人更喜欢叫它黄鸭叫，干锅或水煮，配豆腐或荷包蛋，都是正宗的湖南味道。

黄骨鱼烧豆腐

烹饪时间：25分钟

原料：
黄骨鱼240克，豆腐200克，姜丝25克，葱15克，蒜片15克，朝天椒7克

调料：
盐3克，生抽3毫升，食用油适量

做法：

1.豆腐切片，改切成小块，装盘，用凉开水浸泡一会，待用；葱去头，葱白切段，葱叶切葱花；朝天椒去头，切成圈。

2.热锅注油烧热，有序地放入黄骨鱼，盖上锅盖，煎3分钟，揭盖，将鱼翻面，再煎3分钟，放入姜丝、蒜片、葱白、朝天椒。

3.放入盐，注入适量清水，煮3分钟至汤汁沸腾，放入豆腐块，续煮15分钟至汤汁呈乳白色。

4.滴少量生抽，调味，关火后，将烹制好的菜肴盛到备好的盘中，撒上葱花即可。

腊味总是能勾起我们对家乡的思念，似乎是家乡最好的承载体，试一下这款腊鸭腿炖黄瓜，能否让你回忆起小时候妈妈做的饭菜香呢？

腊鸭腿炖黄瓜

烹饪时间：24分钟

原料：

腊鸭腿300克，黄瓜150克，红椒20克，姜片少许

调料：

盐2克，鸡粉3克，胡椒粉、料酒、食用油各适量

美味秘诀 ||||||||||||||||||||||||||||||||||||

◎鸭腿很容易熟透，加入黄瓜后稍炖即可，黄瓜的软硬口感可根据自己的喜好来掌握。

◎如果喜欢吃软一点，可以稍稍延长焖的时间。

做法：

1. 洗净的黄瓜去籽，切块。

2. 洗好的红椒切开，去籽，切成片。

3. 锅中注水烧开，倒入腊鸭腿，余煮片刻。

4. 将煮好的腊鸭腿捞出，沥干水分，装入盘中，备用。

5. 用油起锅，放入姜片，爆香；倒入腊鸭腿，淋入料酒，炒匀。

6. 注入适量清水，倒入黄瓜，拌匀。

7. 加盖，小火炖20分钟至食材熟透。

8. 揭盖，倒入红椒、盐、鸡粉、胡椒粉，炒至入味，盛出即可。

酱炖泥鳅鱼

烹饪时间：18分钟

原料：

净泥鳅350克，姜片、葱段、蒜片各少许，干辣椒8克

调料：

盐2克，黄豆酱20克，辣椒酱12克，啤酒160毫升，水淀粉、芝麻油、食用油各适量

美味秘诀 ||||||||||||||||||||||||||

◎ 泥鳅不要炖太长时间，否则鱼肉一点都不嫩，发硬，不好吃。

◎ 煎泥鳅时，食用油可多一些，以免把食材煎煳。

做法：

1.锅中注油烧热，倒入处理干净的泥鳅，煎出香味。

2.将泥鳅煎至断生，盛出装盘。

3.锅底留油，烧至四五成热，撒上姜片、葱白、蒜片，爆香。

4.放入干辣椒，加入黄豆酱、辣椒酱，炒出香辣味。

5.注入啤酒，倒入泥鳅，加入少许盐，拌炒均匀。

6.盖上盖，大火转小火煮约15分钟，至食材入味。

7.揭盖，倒入葱叶，用水淀粉勾芡，滴入芝麻油，炒匀。

8.盛出炒好的菜肴，装入盘中即可。

泥鳅鱼性平味甘，价格不高，素有"水中人参"的叫法，很适合一般人群的补养，滑溜溜的泥鳅看起来不起眼，其实养生食疗功效很不一般呢。

煨出好滋味

记忆中，家里炉灶总是飘着瓦罐里溢出的香味，不是自己家的，就是邻里窜出来的，就那样闻着都足以流一嘴哈喇子，然后赶紧跑去看妈妈在煨什么菜……那种心情是难以言表的，只想赶紧吃上几口解解馋才好。

虽然小炒和蒸菜几乎占据了湘菜的小半壁江山，但在所有的烹饪手法中，湘菜的"煨"功相对而言更胜一筹，几乎达到炉火纯青的地步。有时候，甚至只需一只炉子、一只钵子就足以煮出最鲜美的菜肴了。

玫瑰湘莲银耳煲鸡

🍲 烹饪时间：152分钟

原料：
鸡肉块150克，水发银耳100克，鲜百合35克，水发莲子40克，干玫瑰花、桂圆肉、红枣各少许

调料：
盐少许

美味秘诀

◎银耳的根部及根部黄色部分在处理时最好去掉，以免影响口感。

◎此汤品有较好的药用价值，所以不宜去除莲心，以免降低药效。

做法：

1. 锅中注入适量清水，大火烧热，倒入洗净的鸡肉块，拌匀，余去血水。

2. 捞出煮好的鸡肉块，沥干水分，待用。

3. 砂锅中注入适量清水，大火烧热，倒入鸡肉块，放入洗净的莲子、银耳，撒上桂圆肉、干玫瑰花。

4. 倒入洗净的红枣，放入洗好的鲜百合，搅散、拌匀。

5. 盖上盖，烧开后转小火煮约150分钟。

6. 揭盖，加盐，煮至入味，盛出装碗即可。

一碗让整个秋天都滋润起
来的鸡汤,还飘着玫瑰花,
汤品清澈,气味芳香,味甜
可口,是养颜靓汤首选,喝
下去整个人都感到滋润和
满足。

杂菇煲

烹饪时间：7分钟

原料：

口蘑50克，草菇60克，去皮冬笋80克，去柄红椒45克，香菇55克，姜片、葱段各少许

调料：

盐、鸡粉、白糖各1克，蚝油5克，生抽、水淀粉各5毫升，食用油适量

美味秘诀

◎切红椒的时候，先把菜刀浸入水中泡一会儿再切，可避免辣椒中的辣味素刺激眼睛。

◎菌菇本身有鲜味，可不放鸡粉。

做法：

1. 冬笋对半切开，切去根部，切片；洗净的红椒去籽，切块。

2. 洗好的口蘑切厚片；洗好的香菇切厚片；洗好的草菇对半切开。

3. 热水锅中倒入冬笋、草菇，焯烫片刻。

4. 待煮沸后，倒入口蘑、香菇，搅匀，煮至断生，捞出待用。

5. 用油起锅，放入姜片和葱段，爆香；倒入红椒、冬笋、草菇、口蘑和香菇，炒匀。

6. 加入生抽、蚝油，注入少许清水，加入盐、鸡粉、白糖，炒匀调味。

7. 放入水淀粉，炒匀至收汁，关火后将菜肴转移至小砂锅中。

8. 将小砂锅置火上，加盖，焖约2分钟至入味，关火后端出小砂锅即可。

菌类的营养成分无需多言,拿来熬汤,砂锅是它的好搭档,小火捂着,无需熟练的技巧,就那么慢慢熬着,出来的汤汁总是醇美鲜甜的。

萝卜牛腩煲

🍲 烹饪时间：95分钟

味甘汁多的白萝卜，加上嫩滑的牛腩，用砂锅小火微炖，让你吃肉补水两不误，何乐而不为呢？

原料：

去皮白萝卜155克，牛腩230克，八角2个，香菜、葱段、姜片各少许

调料：

盐、鸡粉、胡椒粉各1克，料酒、生抽各5毫升，食用油适量

做法：

1. 白萝卜对半切开，切粗条，改切成块；洗净的牛腩切块。

2. 沸水锅中倒入牛腩，余去血水和脏污，捞出沥干，装盘待用。

3. 用油起锅，倒入八角、葱段、姜片，爆香，放入牛腩，炒匀。

4. 加入料酒、生抽，炒匀，注入清水至没过牛腩，加盖，大火煮开后转小火焖1小时。

5. 揭盖，倒入白萝卜，搅匀。

6. 将锅里的食材转到砂锅中，盖上盖，续焖30分钟；揭开盖，加入盐、鸡粉，撒入胡椒粉，搅匀调味。

7. 关火后端出砂锅，撒上洗净的香菜即可。

离开家乡的湖南人最想念的食物除了辣椒，就是腊味了。莲藕粉烂加上浓浓的腊鸭香，吃过就忘不了。

家常腊鸭焖藕煲

 烹饪时间：93分钟

原料：
莲藕320克，腊鸭块245克，姜片少许
调料：
盐、鸡粉各2克，胡椒粉少许

做法：

1. 将洗净去皮的莲藕对半切开，改切成小块，备用。

2. 锅中注入适量清水，大火烧开，倒入腊鸭块，汆去多余盐分。

3. 捞出汆好的腊鸭块，沥干水分，待用。

4. 砂锅中加入适量清水，放入腊鸭块、莲藕、姜片。

5. 盖上盖子，用大火煮开后改用小火焖约1.5小时。

6. 揭盖，放盐、鸡粉、胡椒粉，拌匀调味。

7. 将菜肴盛出，装入碗中即可。

香郁红烧菜

小时候并不是每天都能吃到肉，但每回吃，总能让人回味许久，尤其是妈妈最会做的那道红烧肉，红灿灿的一大碗，扑鼻而来的那股浓香，勾得人心里痒痒，吃完了还想将剩下的汤汁泡上饭，又能吃下满满一碗。

如果要形容一下，可能只有一个词可以表达出那种心情，那就是——"好呷"！

青睐红烧菜的并非只有湖南人，但能将红烧味做到极致的，大概非湖南人莫属了，像盛名在外的毛家红烧肉就是其一。

外婆红烧肉

🍲 烹饪时间：40分钟

原料：
五花肉200克，去壳熟鸡蛋110克，姜片、葱段、八角各少许

调料：
盐3克，白糖30克，生抽、料酒各5毫升，老抽3毫升

美味秘诀 ||||||||||||||||||

◎ 五花肉要切成2厘米左右的方形肉块，不能太小，否则做出来不好看。

◎ 做红烧肉时，五花肉一定要带皮，这样吃起来才肥而不腻、酥而不碎。

做法：

1.洗净的五花肉切成小方块。

2.沸水锅中倒入切好的五花肉，汆去腥味和脏污，捞出待用。

3.锅中注入少许清水烧开，倒入白糖，搅拌2分钟至白糖化成焦糖汁。

4.再注入适量清水，倒入汆烫好的五花肉，搅匀。

5.放入姜片、葱段、八角、生抽、老抽、料酒、盐。

6.加盖，用大火煮开后转小火焖30分钟至五花肉微软。

7.揭盖，放入鸡蛋，稍稍搅匀，续焖5分钟至食材熟软入味。

8.关火后盛出红烧肉，装入碗中即可。

闻着鲜香扑鼻，一口咬下
去咸鲜的味道中略带一点
儿辣，一点儿甜……简简
单单，在湖南却无人不爱。
不用其他菜，一块红烧肉，
一勺肉汁，就可以把一碗
白米饭扒完。

也许泡椒就真的应该和有嚼劲的食材搭配，也许这道菜将会是你记忆中抹不去的一道风景。

青豆烧肥肠

烹饪时间：12分钟

原料：

熟肥肠250克，青豆200克，泡朝天椒40克，姜片、蒜末、葱段各少许

调料：

豆瓣酱30克，盐、鸡粉各2克，花椒油、生抽各4毫升，料酒5毫升，食用油适量

做法：

1. 将熟肥肠切成小段，备用。

2. 将洗好的泡朝天椒切成圈。

3. 热锅注油烧热，倒入泡朝天椒、豆瓣酱，炒香，倒入姜片、蒜末、葱段，翻炒片刻。

4. 倒入肥肠、青豆，翻炒片刻，淋入少许料酒、生抽，翻炒匀。

5. 注入适量清水，加入盐，搅匀调味，盖上锅盖，中火煮10分钟至入味。

6. 掀开锅盖，加入鸡粉、花椒油，翻炒提鲜，使食材更入味。

7. 关火，将炒好的菜盛出装入盘中即可。

红烧羊蹄

烹饪时间：64分钟

原料：

羊蹄700克，葱段、姜片各10克，八
角、香菜各少许

调料：

料酒5毫升，生抽6毫升，盐3克，鸡
粉、胡椒粉各2克，冰糖、食用油各
适量

做法：

1.锅中注入适量清水烧开，倒入处理
好的羊蹄，汆去血水和杂质。

2.将汆好的羊蹄捞出，沥干水分，装
盘待用。

3.热锅注油烧热，倒入八角、姜片、
葱段，爆香。

4.倒入羊蹄，炒匀，淋入料酒，翻炒
片刻。

5.加入生抽，注清水至没过食材，加
入盐、冰糖，搅拌至完全溶化。

6.盖上盖，小火焖1小时至熟烂；揭
盖，放入鸡粉、胡椒粉，炒匀。

7.关火后将羊蹄盛出装入碗中，摆放
上备好的香菜即可。

这道菜吃起来全无
肥腻之感，一定要同
时喝点儿冰啤哦，看
看你如何在火辣与冰
爽间找到平衡。

这道酒酿鱼，湘西农家常用来招待客人，因为有了醪糟、剁椒和豆瓣酱的增色，或辣香，或甜香，或酱香，或酒香。无论是哪一种方式感动你的唇舌，相信都有让你心动的理由。

酒酿红烧鱼块

烹饪时间：17分钟

原料：

草鱼肉350克，韭菜60克，醪糟50克，剁椒20克，姜末、蒜末各10克

调料：

豆瓣酱20克，生粉15克，盐、鸡粉、胡椒粉各2克，白糖3克，水淀粉4毫升，料酒5毫升，食用油适量

美味秘诀 ||||||||||||||||||||||||

◎醪糟是湘菜烹调中的特色作料，用来烹调河鲜，不但可以去腥，还可起到增香、增鲜、增色的效果。

◎炸鱼块的火不要太大，以免炸糊。

做法：

1. 处理好的草鱼肉切成块，装入碗中，加入盐、鸡粉、胡椒粉，淋入料酒，拌匀，腌渍10分钟。

2. 择洗好的韭菜切成段，待用。

3. 热锅注油烧热，将草鱼肉用生粉裹匀后放入其中，炸3分钟，捞出沥干。

4. 待锅中油再次烧热，倒入鱼块，复炸至酥脆，捞出鱼块，装盘待用。

5. 用油起锅，倒入姜末、蒜末，爆香，加入豆瓣酱，炒香。

6. 倒入剁椒，炒匀，加入适量清水、醪糟，搅匀，放入鱼块。

7. 加入盐、鸡粉、白糖，翻炒匀，放入韭菜，炒匀。

8. 加入水淀粉，翻炒收汁，关火后将菜肴盛出装入盘中即可。

① ② ③ ④ ⑤ ⑥ ⑦ ⑧

要引人食欲，红亮的色泽是关键。如果再搭配鱼肉的鲜香，就是一道吃货万万不可错过的美味佳肴。

红烧鲫鱼

🍲 烹饪时间：18分钟

原料：

鲫鱼600克，姜丝、干辣椒、蒜末、葱段各少许

调料：

豆瓣酱20克，盐4克，白糖2克，生抽10毫升，水淀粉、老抽、料酒、鸡粉、生粉、食用油各适量

做法：

1. 处理干净的鲫鱼两面划上十字花刀，装入盘中，撒上盐、生粉，腌渍10分钟。

2. 热锅注油，烧至五成热，放入鲫鱼，炸约2分钟至熟，捞出待用。

3. 锅底留油，倒入干辣椒、姜丝、蒜末、葱白、爆香，淋入少许料酒。

4. 加入少许料酒、清水、生抽、豆瓣酱、老抽、盐、鸡粉、白糖，拌匀，煮沸。

5. 放入炸好的鲫鱼，盖上盖，慢火焖煮3分钟入味；揭盖，盛出鲫鱼。

6. 往锅中原汤汁中加入适量水淀粉勾芡，调成稠汁。

7. 将稠汁浇在鱼身上，撒上葱叶即成。

红烧鳝鱼

烹饪时间：5分钟

原料：

鳝鱼450克，上海青、去皮胡萝卜各50克，葱段、姜片、蒜末各8克

调料：

盐3克，鸡粉1克，白糖2克，料酒、生抽、水淀粉各5毫升，食用油适量

做法：

1.洗净的上海青切成四瓣；胡萝卜切片；鳝鱼取鱼身，切小段。

2.沸水锅中加入食用油、2克盐，放入上海青，焯烫1分钟，捞出。

3.热油锅中放入鳝鱼段，滑油半分钟，捞出，装盘待用。

4.用油起锅，倒入姜片、葱段、蒜末，爆香。

5.放入胡萝卜片，翻炒几下，倒入鳝鱼段，炒匀。

6.加入料酒、生抽、清水，搅匀，稍煮片刻。

7.加入1克盐、鸡粉、白糖，炒匀调味，放入水淀粉，炒匀收汁。

8.关火后盛出鳝鱼，放在焯熟的上海青中间即可。

黄鳝绝对是湖湘淡水鱼中难得的美味。下班后与三两好友聚会，配上一盘鳝鱼，那是再好不过了。

湘の味

Part 4

走遍街头巷尾，
只为匆匆那年小食味

味觉的潜意识，常常带人回到过去。那些火爆街头的经典湖南小吃，陪伴我们由懵懂走过青春，走到今天，让我们一起重温经典，走遍街头巷尾，品味匆匆那年的小食味。

难忘经典

说到小吃，湖南人可谓是如数家珍。选一个悠闲的日子，约上几个好友，早晨去德园吃包子，中午跑到坡子街品尝臭豆腐、糖油粑粑、向群锅饺等地道小食，晚上在杨裕兴吃碗酸辣面……一路走一路吃，在排成长龙的小吃队伍中，在摊主响亮的吆喝声中，感受湖南独特的饮食文化，感受湖南人热情好客的氛围，实在是"湘"当韵味的！

臭豆腐

到了长沙，岂能不吃臭豆腐？臭豆腐全国各地皆有，而长沙的臭豆腐其制作以及味道别具一格，相当闻名。臭豆腐在长沙被称为"臭干子"，具有"黑如墨，香如醇，嫩如酥，软如绒"的特点。选用上等黄豆做成豆腐，然后把豆腐浸入放有冬笋、香菇、曲酒、浏阳豆豉的卤水中浸透，表面生出白毛，颜色变灰。初闻臭气扑鼻，入油锅慢慢煎炸，直到颜色变黑、表面膨胀，捞上来浇以蒜汁、辣椒、芝麻油，细嗅浓香诱人，入口芳香松脆、外焦里嫩，集合白豆腐的新鲜爽口、油炸豆腐的芳香松脆。一经品尝，常令人欲罢不能。在以呷为特色的长沙文化里，火宫殿是臭豆腐的官方代表，但长沙街头巷尾也有很多民间制作臭豆腐的能手，深受民众的喜爱。

口味虾

对游客而言，不吃口味虾，简直不算到过长沙。每到夜幕降临，一盆盆口味虾在夜市上一水儿排开，虾子们个个张牙舞爪，加入紫苏、花椒、芝麻油、辣椒油等调料，大火一起，油锅一爆，虾香四溢，飘散十里。一口下去，满口鲜香劲辣，虾肉鲜嫩得几乎化在口中，美得人舌头都快掉了。人们常常一口一个，纵被辣得眼泪汪汪、通身大汗，依然斗志满满，好不畅快！若想吃地道的口味虾，沿着坡子街、南门口走一遭，包你吃得肚皮滚圆、心满意足。

嗦螺

不知何时起，嗦螺已成为长沙夜市的典型代表。嗦螺是一道应时小吃，以田螺、紫苏叶为主要原料，配以少许辣椒、蒜茸、豆豉等，紫苏香味浓郁，且不含泥腥味，嗦之肉即出，香辣鲜美。对长沙人而言，盛夏时节的夜晚，在湘江边上来一盘热辣辣的嗦螺，是夏天必不可少的美味记忆。用筷子夹起嗦螺，慢慢吮吸螺汤，鲜香四溢的螺汤瞬间浸入舌尖，再用舌头一顶，"嗦"的一声，螺肉入口，整个过程酣畅快意，再配上一瓶冰啤酒，一热辣，一冰凉，一鲜香，一爽口，让你体验味觉冲击带来的刺激和满足，那叫一个舒爽至极！有幸来到湖南的朋友，可千万不要错过哦！

酱板鸭

传说楚昭王时期，楚国宫廷里有一位名叫石纠的厨师，手艺高超，家中只有六十多岁的老母独自生活。一天，石母在洗衣时不慎滑入蛮河，被救上岸后又生了病，多亏乡亲们的照料才得以好转。为报答乡亲们，他利用在宫中酱制天鹅的手艺，将乡亲们家养的鸭子加工成酱板鸭，谁吃了都说好，拿到集市上去卖也颇受欢迎。楚昭王感念他的孝心和知恩图报，将酱板鸭赐名为"贡品酱板鸭"，常年生产，供应楚宫，石纠因此带着乡亲们致了富。流传至今的酱板鸭，色泽深红，颜色鲜亮，同时鸭肉又香味扑鼻，酱香浓郁，尝上一口，香、辣、甘、麻、咸、酥、绵尽入口中，不禁令人拍案叫绝。

米粉

每天清晨，大大小小的米粉摊子连同大口嗦粉的湖南人，是长沙街头经久不衰的风景。一天不嗦碗粉，对湖南人来说，日子就像缺了点什么。湖南米粉之所以倍受青睐，一者米粉洁白，圆而细长，形如龙须，象征吉祥。逢年过节，吃碗米粉，以示往后岁月，一家人有如米粉一样团团圆圆；过日子有如米粉一样，细水流长。二者在于米粉的汤底，其汤底是用筒子骨经彻夜精心熬制的猪筒骨汤，入口鲜香浓醇，再放入三鲜、炸酱、菌油、酸辣、卤汁、酱汁、排骨、鸡丁等花样繁多的油码，更是勾人食欲。这样一碗米粉，是长沙人怎么都戒不掉的老味道。

姊妹团子

20世纪20年代初，姜氏姐妹在长沙火宫殿的圩场摆了一个卖团子的摊担，她们制作的团子好看又好吃，被人交口称赞，姊妹团子因此而得名。姊妹团子有糖馅和肉馅之分。糖馅团子用北流糖、桂花糖、红枣肉相配而成，甜香不腻；肉馅团子则用五花鲜猪肉配以香菇调制而成，鲜嫩上口。逢年过节，人们还爱在糖馅团子上撒些红丝，与洁白的团子红白相映，几口团子下肚，可不是将满口福气都吃了进去？

双燕馄饨

早些年，长沙经营馄饨，多为摊主肩挑食担，走街串巷，吆喝叫卖，以供宵夜。1925年，始有燕燕馄饨店开设于南门口，1944年更名双燕馄饨店。其制作十分考究，肉馅必选用新鲜猪腿肉，馄饨皮薄如轻纱，下锅后馄饨颗颗鼓胀，尾部微微皱起如燕尾，故得名"双燕馄饨"。其味道清香鲜嫩，荤素相宜，尝之难忘。

德园包子

民国初年，几位失业官厨集资入伙，盘下几经易手却无建树的德园，迁店于黄兴路樊西巷口，以官府菜、点招来食客。因菜肴制作总有海味鲜货等上乘余料留下，为免浪费，故将其剁碎，拌入包点馅芯，谁知这竟使他们的包点风味异人，倍受垂青。从此，德园包子名声大振，遂有"出笼热喷喷，白色皮喧松，玫瑰甜香美，香茹爽鲜嫩"的民谣之赞。每天早上，人们在百年老店德园前排成长龙，等待一份或香甜可口或鲜嫩咸香的大包子，纵然有点累，也抵不过鲜香满口的那一份快慰。

向群锅饺

向群锅饺是老牌长沙小吃之一。煎好的向群锅饺边缘呈金黄色，皮薄馅厚，外焦里嫩，风味独特。据说优质向群锅饺的肉馅里不放一滴油，因此格外鲜美。向群锅饺在煎煮的过程中还加入了14余种配料，使其滋味更加丰富多变，最后配上必不可少的辣椒油，又香又辣，异常美味，好辣的人值得一试。

糖油粑粑

　　走在长沙的大街小巷上，随时能闻到沁人心脾的糖油粑粑香味，看到炸糖油粑粑的摊点，一个火炉，一个锅子，一个小推车、一个木支架，即可做出湖南人记忆中难以忘怀的甜蜜。黄而不焦、软而不粘、香中带甜、甜而带香的糖油粑粑，被湖南人做出了味道，做出了情感，做出了日子的甜美和幸福。据传长沙人气最旺的糖油粑粑店——李公庙糖油粑粑，每天只卖四小时，常常供不应求。

葱油粑粑

　　相传多年前，靖港一位摊贩在长沙南门口，架起行头炸葱油粑粑，香飘十里，长沙人食后交口称赞："爽！"由此一传十十传百，摊前食客从早到晚络绎不绝，葱油粑粑由此在长沙扎下了根。葱油粑粑入口酥、脆、绵、软，细品还能闻到葱花特有的香气，梁实秋也曾大加赞赏，曰："葱油饼太好吃，不需要菜！"

馓子

　　据考证，馓子已有一千余年的历史。宋朝苏东坡有诗云："纤手搓来玉色匀，碧油煎出嫩黄深。夜来春睡知轻重，压匾佳人缠碧金。"将面团揉成一根长长的细条，手指飞快穿梭其中，一抽一拉，来回抻开，用筷子一绕即成，将成形的面条放入呲呲作响的油锅中，用筷子轻轻翻动，如金丝套环的炸馓子就这么诞生了。年前几天，几乎每家每户都会做馓子，人们对着灶神许愿，请上神先吃，然后才会允许垂涎已久的孩子们开吃。那种酥香松脆，是远在他乡的湖南人魂牵梦萦的味道。

刮凉粉

　　当夏天来临，长沙街头的刮凉粉摊子就陡然增多。在白嫩光滑、如玉如缎的刮凉粉上，放上炸得金黄酥脆的花生，点缀以小葱、蒜末、熟芝麻，浇上芝麻油、酱油、醋，再淋上一层火红的辣椒油，酸辣爽口，妙不可言。当你被火辣辣的太阳烤得汗流浃背时，一碗刮凉粉下肚，满口爽滑，满腹清凉，暑气、郁气一扫而空。

八宝果饭

八宝果饭，各地均有制作，但湖南的八宝果饭却有其鲜明的地方特色，其所用原料糯米、红枣、青豆、莲子、桔饼、冬瓜均为当地所产，选用的莲子更是湖南特有的上等湘莲。果饭制成后，表面覆盖一层白色薄汁，光亮透明，能显露出各种配料的不同色彩，清新悦目，吃起来果味香甜、糯而不腻。逢年过节的时候，全家人欢聚一堂，共享一盘团团圆圆的八宝果饭，象征着对来年的美好祝愿。

湘西社饭

在湘西凤凰，土乡苗寨都有过春社、吃社饭的习俗。乡民到园边或溪边采撷鲜嫩的蒿菜，洗净剁碎，与切成碎颗的腊肉拌胡葱炒香，再将炒香的蒿菜与事先煮好的粘米与糯米放进锅里拌合均匀，焖上半个钟头就可以吃了。饭香、肉香、菜香三味俱全的社饭，令人食欲大增。今天，乡民们仍保留着邻里间互赠社饭的传统。

白粒丸

白粒丸，是用大米制作成的圆粒形米豆腐，它原本是益阳街头一种普通的民间小吃。八十年代初，经过郭老倌的精心研究制作，成了益阳一种独具特色的名牌风味小吃。好的白粒丸，用料十分考究，一般选用优质整粒白米为原料，做出的白粒丸筋力好、形状圆、色泽白。下白粒丸的汤汁是用肉骨头熬出来的原汁，十分讲究。配的佐料有猪油、精盐、味精、榨菜丁、辣椒、葱花、芝麻油等七八种。这样制作好的白粒丸，吃起来油香、葱香扑鼻，热乎乎，辣索索，味道鲜美可口。

酸萝卜

在湘西城乡，只要有人群来往的地方，就会有卖脆酸萝卜的摊子。当地村民采用传统土家制作工艺和独特的油辣子佐料，制作出质地脆嫩、酸辣爽口的酸萝卜，不仅自家爱吃，也广受城里人的欢迎。且家家户户都有密不外传的绝活儿，逢年过节亮上一手，让家里人吃得有滋有味。

蒿子粑粑

又称蒿子粑、蒿子馍，是湖南益阳的一道特色小吃。每年阳春三月，正逢野菜发芽的季节，当地居民常到田间采摘新鲜的蒿草，加入米粉、腊肉，按一定的比例制成青色团状，经过蒸煮等工序制成蒿子粑粑。其口感柔润香糯，味鲜色美。

冰糖湘莲

冰糖湘莲是湖南的一道特色名小吃。诗人张栻品尝后，曾发出"口腹累人良可笑，此身便欲老湖湘"的感叹。此品汤色清澈，莲子白中透红，粉糯清香，白莲浮于清汤之上，宛如珍珠浮于水中，既美味可口，又赏心悦目。

米发糕

湖南人喜食大米，并常将其做成各种花样小吃，米发糕就是颇具特色的一种。其色泽洁白，绵软甜润，粉糯可口，一般作夏秋季节的小吃，做法有蒸、煎二种，蒸则色白柔软，煎则金黄酥香，风味诱人。

小钵子甜酒

若在黄昏时分，行走在长沙的老街古巷，远处会飘来一声高过一声的喊声："小钵子田(甜)酒——糯米——换(粉)——次(子)啦。"小钵子甜酒是老长沙人记忆中不可磨灭的温暖。在寒冷的冬天，听到这样一句朴实的吆喝，嗅到由远及近的糯米清香，喝上一碗暖暖的、甘甜芳醇的小钵子甜酒，整个人心里都踏实了。小钵子甜酒可以单独喝，也可以将其加热冲入鸡蛋，即成一碗暖胃又可口的甜酒冲蛋。

看了上面的介绍，你是不是已经心动了呢？与二三好友为伴，在大街小巷中寻觅种种美味小吃，一定乐趣多多。心动不如行动，现在就出发，来湖南品尝舌尖上的"湘"味吧。

今天，无论再多理论申明油脂过量的危害，湖南人依然离不开臭豆腐特有的脆爽口感。

湖南臭豆腐

烹饪时间：8分钟

原料：
臭豆腐300克，泡椒、大蒜、红椒、葱条、香菜各适量

调料：
生抽、鸡汁各5毫升，盐、鸡粉各少许，陈醋10毫升，芝麻油2毫升，食用油适量

做法：

1.洗净的香菜、葱条、红椒切成粒；洗好的大蒜切末；泡椒剁成末，备用。

2.锅中注入适量食用油，烧至六成热，放入臭豆腐，炸至臭豆腐膨胀酥脆，捞出，装入盘中，备用。

3.用油起锅，放入切好的葱条、红椒、大蒜、泡椒，炒香。

4.加入适量清水，放入生抽、盐、鸡粉，淋入鸡汁，拌匀。

5.加入陈醋，倒入芝麻油，搅拌均匀。

6.放入香菜末，混合均匀。

7.把味汁盛出，装入小碗中，佐食臭豆腐。

锅贴饺

烹饪时间：10分钟

原料：

高筋面粉300克，胡萝卜、低筋面粉各90克，生粉70克，黄奶油50克，鸡蛋1个，水发木耳40克，芹菜70克，青豆80克，肉胶100克

调料：

盐2克，白糖、鸡粉各3克，芝麻油4毫升，食用油适量

做法：

1.洗净的胡萝卜、芹菜、木耳切粒。

2.把胡萝卜和芹菜装碗，加入木耳、青豆，放盐、白糖、鸡粉、芝麻油，拌匀，加入肉胶，拌匀，制成馅料。

3.把高筋面粉倒在案台上，加入低筋面粉，用刮板开窝，打入鸡蛋。

4.碗中装入清水，放入生粉，加入开水，搅成糊状，加入清水，冷却。

5.把生粉团捞出，放入窝中，搅匀，加入黄奶油，搅匀，刮入高筋面粉，混合均匀，揉搓成光滑的面团。

6.取适量面团，搓成长条状，切成大小均等的剂子，压扁，擀成饺子皮。

7.取适量馅料，放在饺子皮上，收口，捏紧，制成生坯。

8.生坯装入垫有笼底纸的蒸笼里，再放入烧开的蒸锅，蒸3分钟，取出。

9.用油起锅，放入蒸好的饺子，煎至焦黄色。

10.把煎好的锅贴饺夹出装盘即可。

蒸好的饺子，再用油煎，食用时，皮有脆有绵，馅亦烂亦酥，香气扑鼻，回味无穷，真是一美好享受也。

糍粑

🍲 烹饪时间：15分钟

糍粑炽热的高温黏着你的手指，烫得人几乎断了想吃的念头，但一想到入口绵软香甜，又不得不就范。

原料：
糯米粉250克，花生米70克
调料：
白糖100克，食用油80毫升

做法：

1. 取一碗，倒入糯米粉，加入白糖，注入少许清水，搅匀，倒入食用油，搅拌均匀，制成米浆。
2. 蒸笼中放入数个锡纸杯，盛入米浆。
3. 蒸锅中注入适量清水，大火烧开，放入蒸笼，加盖，大火蒸13分钟至熟。
4. 将备好的花生米倒在铁盒中；取出蒸笼，将糍粑脱模，放入铁盒中，裹上花生米，装入盘中即可。

❶

❷

❹

牛肉豆豉炒凉粉

🍲 烹饪时间：4分钟

原料：
凉粉300克，牛肉85克，青椒40克，红椒35克，豆豉30克，姜片、蒜片、葱段各少许

调料：
盐、鸡粉各1克，老抽2毫升，生抽5毫升，食用油适量

做法：

1.将凉粉切小块；洗净的青椒、红椒去籽，切块；洗净的牛肉切碎。

2.锅中注入适量清水，大火烧开，倒入凉粉块，焯烫约2分钟至熟，捞出，沥干水分，装盘待用。

3.用油起锅，倒入牛肉碎，翻炒数下至稍微转色；放入豆豉，加入姜片、蒜片、葱段，炒香；放入焯烫好的凉粉块，加入切好的青椒块、红椒块，翻炒数下。

4.加入生抽、盐、鸡粉、老抽，翻炒约半分钟至入味，盛出炒好的凉粉，装盘即可。

凉粉多调以酱油、醋、辣椒油凉拌而食，吃起来清凉爽滑，也可试试热炒的做法，香味更浓郁哦！

❶

❷

❸

❹

水煎包子

烹饪时间：30分钟

水煎包是属于大众风味的小吃，物美价廉，制作方面不受四季影响，吃货们有口福了！

原料：

面粉300克，无糖椰粉60克，牛奶50毫升，酵母粉、白芝麻各20克，肉末80克，姜末、葱花各少许

调料：

盐3克，白糖50克，鸡粉、胡椒粉、五香粉各2克，生抽、料酒各5毫升，食用油适量

做法：

1.取一个碗，倒入250克面粉，放入酵母粉、椰粉、白糖，倒入牛奶、温开水，搅拌匀，揉成面团，用保鲜膜封住碗口，将面团发酵2个小时。

2.取一个碗，放入肉末、葱花、姜末，加入盐、鸡粉、胡椒粉、五香粉，淋入生抽、料酒、食用油，加入少许清水，搅拌匀，制成馅料。

3.撕开保鲜膜，在案台上撒上剩余面粉，放入面团，搓成长条，揪成五个大小一致的剂子，用擀面杖将面饼擀制成厚度均匀的包子皮。

4.在包子皮上放入馅，将边上的包子皮向中间聚拢，包子边捏成一个个褶子，制成包子生坯。

5.热锅注油烧热，放入包子生坯，沿着锅边倒入适量清水，在包子生坯上撒上白芝麻。

6.盖上锅盖，大火煎10分钟至水分收干；掀开锅盖，将包子取出摆放在盘中即可。

秋风起，食腊味。湖南腊肠入口香醇、咸度适中，加上柔软的包裹，既能填肚又能满足对腊肠的喜好。

腊肠卷

🍲 烹饪时间：73分钟

原料：
低筋面粉500克，酵母5克，腊肠段120克

调料：
食用油适量，白糖50克

做法：

1. 将低筋面粉、酵母倒在案板上，混合匀，用刮板开窝，加入白糖，再分数次加水，揉搓至面团光滑，放入保鲜袋静置10分钟。

2. 取面团，去除保鲜袋，搓成长条状，分成剂子，再搓成两端细、中间粗的面卷，取来腊肠段，逐一卷上面卷，即成腊肠卷生坯。

3. 取来备好的蒸盘，刷上一层食用油，再摆放好腊肠卷生坯。

4. 蒸锅置于灶台上，注入清水，再放入蒸盘，盖上锅盖，静置约1小时，使生坯发酵。

5. 打开火，待水烧开后再用大火蒸至食材熟透；揭开盖，取出腊肠卷，放在盘中，摆好即成。

什么，你只知道八宝粥？简直太out了！在湖南，腊八节不只能喝腊八粥，还可以吃八宝饭哦~

八宝饭

烹饪时间：35分钟

原料：
水发莲子60克，瓜子仁20克，花生米、水发红豆各30克，莲蓉80克，桂圆肉、葡萄干、蜜枣各25克，水发糯米150克

调料：
白糖适量

做法：

1. 将糯米装碗，加入清水、白糖，拌匀。

2. 另取一碗，倒入备好的莲子、瓜子仁、花生米，注入少许清水。

3. 取蜜枣，加入少许清水，待用。

4. 蒸锅上火烧开，放入蜜枣、莲子、瓜子仁、花生米、红豆、桂圆肉、葡萄干、糯米，盖上盖，蒸约30分钟至食材熟透。

5. 揭开盖，取出蒸好的食材，拌至松散，撒上白糖，拌至溶化。

6. 取一个大碗，倒入糯米饭，撒上部分葡萄干、蜜枣、红豆、莲子、瓜子仁、花生米，拌匀，压平，再倒入余下的食材，铺平，倒扣在盘中，用莲蓉围边即可。

姊妹团子

🍲 烹饪时间：20分钟

原料：

糯米粉300克，熟白芝麻、香菇碎各
30克，白糖20克，猪肉末40克，葱花
5克

调料：

盐、鸡粉各3克，食用油适量

做法：

1. 备好一个碗，倒入熟白芝麻、白
糖，注入适量的食用油，拌匀待用。

2. 往备好的碗中倒入猪肉末、香菇
碎、葱花，加入盐、鸡粉、食用油拌
匀，制成馅料。

3. 备好一个碗，倒入糯米粉，注入适
量的清水，拌匀。

4. 将面粉倒在台面上，和成长条面
团，扯成几个剂子，压制成面饼。

5. 夹取适量的肉馅放在面饼里面，捏
至成中间尖的团子生坯。

6. 白糖馅料则用剩下的面饼包制，做
成中间尖的团子生坯。

7. 电蒸锅注水烧开，放入团子生坯，
加盖，蒸15分钟。

8. 揭盖，将蒸好的团子取出，装入盘
中即可。

之所以叫姊妹团子，
可不是因为相似，恰
恰是因为互补。糖馅
团子甜香不腻，肉馅
团子鲜嫩上口。

177

蛋黄肉粽

烹饪时间：220分钟

原料：

水发糯米250克，五花肉160克，咸蛋黄60克，香菇25克，粽叶若干，粽绳若干

调料：

盐3克，料酒4毫升，生抽5毫升，老抽3毫升，芝麻油适量

美味秘诀 ||||||||||||||||

◎本品一定要用肥瘦相间而且肥肉还要稍微多一点儿的五花肉，这样煮出来以后肥肉已经快要化掉，入口爽滑，香味儿悠长。

做法：

1.处理好的五花肉去皮，切条，切成块状；洗净的香菇去蒂，对半切开，再切块。

2.取一个碗，倒入五花肉、香菇，加入盐、生抽、料酒、老抽、芝麻油，拌匀，腌渍2小时。

3.取粽叶，剪去两端，从中间折成漏斗状。

4.放入糯米，加入咸蛋黄、腌渍过的五花肉和香菇，再放入适量糯米将食材覆盖压平。

5.将粽叶贴着食材往下折，再将左叶边向下折，右叶边向下折，分别压住，再将粽叶多余部分捏住，折向一侧贴住粽体。

6.用粽绳捆好扎紧，将剩余的食材依次制成粽子，待用。

7.电蒸锅注入适量清水烧开，放入粽子，盖上盖，煮1个半小时。

8.掀开盖，将粽子取出放凉，剥开粽叶即可食用。

从农耕文明走到工业文明，技术的进步使得粽子不再局限于地域和时令。但是对湖南人来说，顺应自然，亲手做合适的食物，更意味着对传统生活方式的某种延续。

板栗水晶粽

烹饪时间：100分钟

拨开粽叶的一刹那，清新的粽叶混含着板栗香气，让人垂涎欲滴。晶莹剔透的西米，又让粽子带上美感。

原料：

西米200克，板栗20克，粽叶、粽绳各若干

做法：

1.往西米中注入适量的清水，浸湿后将水滤去，待用。

2.取浸泡过12小时的粽叶，剪去柄部，从中间折成漏斗状。

3.将西米、板栗逐一放入，再放入适量西米，将食材完全覆盖压平。

4.将粽叶贴着食材往下折，再将右叶边向下折，左叶边向下折，分别压住，再将粽叶多余部分捏住，折向一侧贴住粽体。

5.用浸泡过12小时的粽绳捆好扎紧，将剩余的食材依次制成粽子，待用。

6.电蒸锅注入适量清水烧开，放入粽子，盖上盖，煮1个半小时。

7.掀开盖，将粽子取出放凉，剥开粽叶即可食用。

还是一如既往熟悉的味道，从头到尾连带味道也觉得平平常常的。但是，就是这样的味道让人忘不掉。

红豆玉米发糕

烹饪时间：23分钟

原料：

面粉100克，玉米面粉120克，水发红腰豆90克，酵母、泡打粉各适量

调料：

白糖、食用油各适量

做法：

1. 取一大碗，倒入面粉、玉米面粉，放入洗净的红腰豆。

2. 撒上白糖，加入酵母、泡打粉，拌匀，分次注入适量清水，和匀，压平，用保鲜膜封住碗口，静置约60分钟，使面团饧发至两倍大，去除保鲜膜，待用。

3. 取一蒸盘，刷上底油，放入发酵好的面团，铺平，做好造型。

4. 备好电蒸锅，烧开后放入蒸盘，盖上盖，蒸约20分钟，至食材熟透；断电后揭盖，取出蒸盘，食用时将蒸好的发糕分成小块即可。

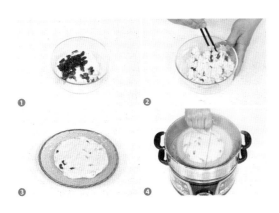

紫薯丸煮甜酒

烹饪时间：15分钟

细嫩滋糯的紫薯丸和酒香甜蜜的甜酒在口舌间恣意乱串，一股香香甜甜的暖气荡漾在五脏六腑。

原料：

甜酒150克，紫薯110克，鸡蛋1个，糯米粉少许

做法：

1.将去皮洗净的紫薯切片；将鸡蛋打入碗中，调匀，制成蛋液，待用。

2.蒸锅上火烧开，放入紫薯片，用中火蒸约10分钟，至食材熟软，取出，放凉待用。

3.把紫薯片碾成泥，装入碗中，再撒上糯米粉，和匀，做成数个紫薯丸子，装入盘中，待用。

4.锅中注入适量清水烧开，倒入甜酒，搅散，略煮一会儿。

5.放入做好的紫薯丸子，用中火煮约3分钟，至食材熟透。

6.再倒入蛋液，搅拌至蛋花成形。

7.关火后盛出煮好的甜酒，装入碗中即成。

每天早晨，嗦一碗粉，开启崭新的一天，那各种各样的浇头搭配着湖南米粉，是湖南人戒不掉的老味道。

酸辣湖南粉

烹饪时间：8分钟

原料：

猪瘦肉90克，酸笋30克，水发粉条100克，葱段、香菜各5克，水发香菇40克

调料：

盐、鸡粉各3克，豆瓣酱30克，陈醋3毫升，芝麻油5毫升，食用油适量

做法：

1. 猪瘦肉切厚片，改切成丝。

2. 水发香菇去蒂，改切成粗丝。

3. 锅置火上，烧热，注入适量的食用油，倒入肉丝，炒至转色。

4. 倒入豆瓣酱、葱段、香菇、酸笋炒匀，加入生抽。

5. 注入200毫升的清水，煮至沸腾。

6. 倒入水发粉条，加入盐、鸡粉、陈醋、芝麻油，充分拌匀入味。

7. 将煮好的酸辣湖南粉盛入碗中，撒上香菜即可。

酱爆螺丝

烹饪时间：8分钟

原料：

田螺400克，姜片、葱段、蒜末各少许

调料：

盐2克，鸡粉3克，豆瓣酱12克，黄豆酱15克，白糖、水淀粉、食用油各适量

做法：

1. 锅中注入适量清水烧开，倒入田螺，汆煮约3分钟。

2. 关火后将汆煮好的田螺捞出，沥干水分，装入盘中待用。

3. 用油起锅，放入备好的姜片、蒜末，爆香。

4. 倒入豆瓣酱、黄豆酱，炒匀。

5. 放入田螺，炒匀。

6. 注入少许清水，加入盐、鸡粉、白糖、水淀粉，炒匀。

7. 放入葱段，炒约2分钟至入味。

8. 关火后将炒好的田螺盛出，装入盘中即可。

湖南的烹饪，既能像酱爆螺丝一样凶猛地侵略味觉，也能润物细无声地让舌尖领略鲜味的美好。